国家“双高计划”特色教材

U0868460

仪器分析实训

主　编　李柏村　钟读波
副主编　谭艳霞　王润甜　孙靖函　卞家亭

哈尔滨工程大学出版社
Harbin Engineering University Press

内容简介

本书是数字化教材《仪器分析》的配套教材。全书共分为6个项目：电位分析法、紫外-可见分光光度法、红外吸收光谱法、原子吸收光谱法、气相色谱法、高效液相色谱法，包括仪器的结构、基本操作以及典型的实训任务。本书为活页式教材，可实现任务的组合以及进阶学习。

本书集合了食品、环境、化工、药品等相关专业的实训内容，可作为高职院校分析检验技术、应用化工技术、环境工程技术、化工生物技术等专业的实训教材，也可作为职业技能培训基本操作训练用书。

图书在版编目(CIP)数据

仪器分析实训/李柏村，钟读波主编. —哈尔滨：哈尔滨工程大学出版社，2023.12

ISBN 978-7-5661-4174-3

Ⅰ. ①仪… Ⅱ. ①李… ②钟… Ⅲ. ①仪器分析 Ⅳ. ①O657

中国国家版本馆CIP数据核字(2023)第235688号

仪器分析实训

YIQI FENXI SHIXUN

选题策划 田 婧
责任编辑 张 彦 秦 悦
封面设计 李海波

出版发行 哈尔滨工程大学出版社
社　　址 哈尔滨市南岗区南通大街145号
邮政编码 150001
发行电话 0451-82519328
传　　真 0451-82519699
经　　销 新华书店
印　　刷 哈尔滨午阳印刷有限公司
开　　本 787 mm×1 092 mm 1/16
印　　张 10.25
字　　数 245千字
版　　次 2023年12月第1版
印　　次 2023年12月第1次印刷
书　　号 ISBN 978-7-5661-4174-3
定　　价 42.80元

http://www.hrbeupress.com
E-mail:heupress@hrbeu.edu.cn

前　言

习近平总书记在党的二十大报告中提出，必须完整、准确、全面贯彻新发展理念，坚持社会主义市场经济改革方向，坚持高水平对外开放，加快构建以国内大循环为主体、国内国际双循环相互促进的新发展格局。习近平总书记指出，教育发展要走自己的路，要坚持中国特色社会主义教育发展道路，要建设中国特色的职业教育体系，要牢牢把握服务发展、促进就业的办学导向，深化体制改革，不断优化职业教育结构与布局，坚持产教融合、校企合作，坚持工学结合、知行合一。

本书是为适应国家“一带一路”倡议发展需要，充分结合高职办学特点，为培养适应新型工业企业发展需要的高素质应用型人才而编写的一本化学检验岗位仪器分析实训教材。本书在内容编排上，考虑其适用性及学习者以后的发展，尽量体现典型的实际工作场景。书中除配有阅读资料和典型案例操作以外，还有相关的操作视频和动画，以利于学生更直观了解操作规范，培养其运用教材解决实际问题及进一步学习的能力。本书在编写过程中，参照了部分分析检验标准、分析检验专业课程教学标准以及化学检验工技能等级标准，综合考量了实训项目难易程度、覆盖广度等问题，汲取了第三方检测机构典型实践案例经验，将仪器分析实训内容进行了重构，使学生在掌握仪器分析基本技能的同时，得到全面系统的技能强化训练。

本书主要有以下特点：

1. 突出职业教育特色，遵循技术技能人才成长规律，明确三维教学目标，进阶设置内容，逐步培养学生独立分析和解决问题的能力。

2. 书中各项目的选取力求与实际接轨，充分发挥相关标准的指导作用。

3. 活页式教材，每个项目的编写分为项目介绍、任务介绍及实施过程和任务实施过程考核三部分，项目介绍可以与各任务自由组合，部分任务也可以自由组合。

4. 书中介绍了 6 种分析仪器的分析方法，以实际测定项目进行组织，细化评价指标，融入职业素养的多元评价，可对学生学习过程起到很好的引领作用。

5. 书中包含动画、微课视频、PPT 等多种资源，以图片和二维码的形式呈现在读者面前，实现便捷调取，使知识点可视化，提高了学习效率，使学生可及时、方便地了解操作规范。同时，教学资料的信息化也能够及时反馈学生的学习动态，方便授课教师结合学生学习情况及时调整教学策略。

本书由昆明冶金高等专科学校的李柏村和谭艳霞、云南云测质量检验有限公司的钟读波和卞家亭、云南润奕环境科技有限公司的王润甜和孙靖函联合编写。全书共分为6个项目,具体编写分工如下:孙靖函编写项目1;李柏村编写项目2;谭艳霞编写项目3;钟读波编写项目4;王润甜编写项目5;卞家亭编写项目6。参与编写人员还有云南云测质量检验有限公司的李沛、胡丽、尚乐、顾志利。全书由李柏村统稿。

由于编者水平有限,书中难免存在错误和不妥之处,恳请读者与同行批评指正。

编　者

2023年9月

目　录

项目1　电位分析法

1.1　项目介绍

电位分析法是以测量原电池的电动势为基础,根据电动势与溶液中某种离子的浓度(或活度)之间的定量关系来测定待测物质活度或浓度的一种电化学分析法。其包括直接电位法和电位滴定法两种。

直接电位法是根据测量到的某一电极的电极电位,按照能斯特方程直接求得待测离子的浓度(或活度)。例如,用直接电位法测量溶液的 pH 值和用离子选择电极来指示待测离子的浓度(或活度)等。

电位滴定法是根据滴定过程中某电极电位的变化来确定滴定终点,根据所消耗滴定剂的体积和浓度来计算待测物质的含量。

在电位分析中,构成电池的两个电极,若其中一个电极的电位随待测离子浓度(或活度)的变化而变化,能指示待测离子的浓度(或活度),则称其为参比电极。将指示电极和参比电极一起浸入试液,组成电池体系,在通过电路的电流接近零的条件下测量指示电极的平衡电位,从而求得待测离子的浓度。平衡电位是指在被测量的电化学体系中没有电流通过,即净电流为零时的电极电位。

如图 1-1 所示为自动电位滴定仪。

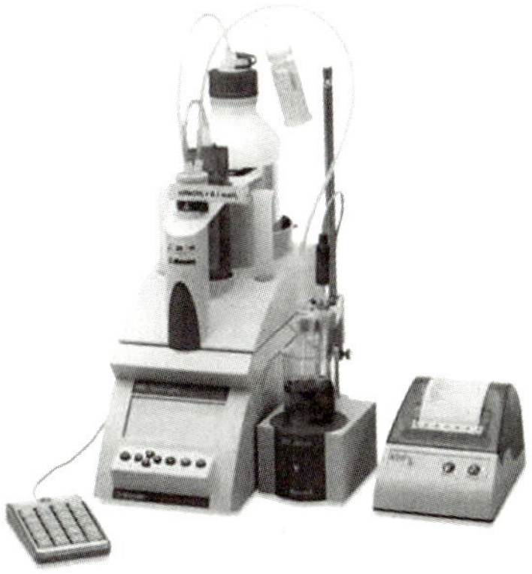

图 1-1　自动电位滴定仪

1.1.1 项目目标

知识目标：

1. 掌握离子选择电极测定基本原理及应用；
2. 熟悉离子选择电极的结构；
3. 了解离子选择电极的维护和保养等相关知识。

能力目标：

1. 能熟练地操作离子选择电极；
2. 能应用离子选择电极进行样品的定量分析。

素质目标：

1. 具有良好的职业道德和职业素养；
2. 具有主动作为的意识；
3. 能尽职尽责地完成任务。

1.1.2 项目资讯

1. 电化学分析仪的结构是怎样的？
2. 电化学分析仪如何操作？

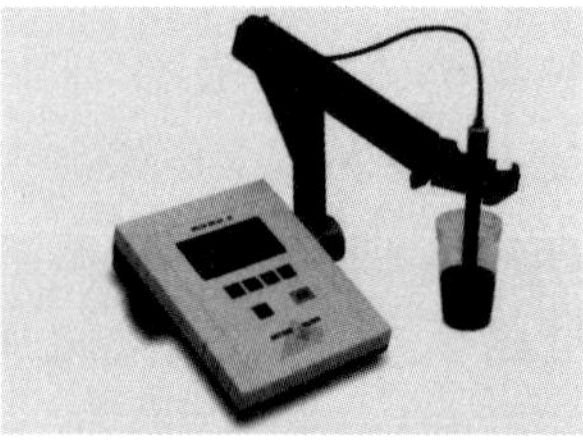

【动画 1-1 电化学分析仪的结构】

【视频 1-1 电化学分析仪的操作】

【PPT 1-1 电化学分析仪的操作】

3. 电化学分析仪的维护和保养

(1)对仪器工作环境的要求

①离子选择电极应安装在稳固的实验台上，并应保持实验室内清洁干净。

②仪器的环境温度最好在 5~35 ℃，应避免强光直射；室内相对湿度不大于 85%。

③仪器应避免在有腐蚀性气体及有尘土的环境中使用。

(2)仪器保养和维护方法

①为确保测量精度，电极使用前应用蒸馏水或纯化水冲洗 2 次，然后用被测试样冲洗 3 次才可以测量。

②在测量前要对仪器“校准”，特别是在连续使用较长时间时更应“校准”。

③要绝对防止电极插头、插座受潮，以防造成不必要的测量误差。

④电极应定期进行常数标定。

⑤使用结束后，立即清洁仪器，把电极取下在蒸馏水中冲洗干净并晾干。

⑥用细软布擦拭仪器表面至目测无清洁剂残留,用清洁布擦干。

⑦定期进行性能指标检测,发现问题及时处理。

1.1.3　项目资讯实施过程考核

<table>
<tr><td rowspan="2">项目1工作页</td><td>项目资讯任务(离子选择电极法)</td><td>姓名:</td><td>班级:</td></tr>
<tr><td>实施过程考核</td><td>学号:</td><td>日期:</td></tr>
<tr><td colspan="4">请写出电化学分析仪结构中的主要零部件名称:</td></tr>
<tr><td colspan="4">请画出电化学分析仪的操作流程图:</td></tr>
<tr><td colspan="4">表现评价</td></tr>
</table>

<table>
<tr><td colspan="2">评价指标</td><td colspan="3">评价主体</td></tr>
<tr><td>一级指标</td><td>二级指标</td><td>学生自评</td><td>同学评价</td><td>教师评价</td></tr>
<tr><td rowspan="4">知识目标</td><td>能掌握实验的基本原理</td><td></td><td></td><td></td></tr>
<tr><td>能掌握电化学分析仪的结构</td><td></td><td></td><td></td></tr>
<tr><td>能掌握电化学分析仪的操作步骤</td><td></td><td></td><td></td></tr>
<tr><td>了解电化学分析仪的维护和保养知识</td><td></td><td></td><td></td></tr>
<tr><td rowspan="3">能力目标</td><td>能说出实验的基本原理</td><td></td><td></td><td></td></tr>
<tr><td>能写出电化学分析仪结构中的主要零部件名称</td><td></td><td></td><td></td></tr>
<tr><td>能简要画出电化学分析仪的操作流程图</td><td></td><td></td><td></td></tr>
<tr><td rowspan="4">素质目标</td><td>学业管理能力(按时上课,按时完成作业)</td><td></td><td></td><td></td></tr>
<tr><td>学业毅力(能意识到困难并克服,
能在一定时间内聚焦研究的问题)</td><td></td><td></td><td></td></tr>
<tr><td>合作技能(能与同学互帮互助)</td><td></td><td></td><td></td></tr>
<tr><td>自我效能(具有完成任务的自信心、
成就感及在小组中的归属感)</td><td></td><td></td><td></td></tr>
</table>

1.2 任务介绍及实施过程

任务一:电导率仪的使用和性能检验

任务二:电极法测定试样的电导率

任务三:玻璃电极法测定试样的 pH 值

任务四:离子选择电极法测定试样中氟化物的含量

任务五:电位滴定法测定试样中氨基酸态氮的含量(以酱油为例)

1.2.1　任务一实施过程

项目 1 工作页	任务一:电导率仪的使用和性能检验	姓名:	班级:
	学习领域:仪器分析	学号:	日期:

实验目的:

1. 掌握电导率仪的使用方法;
2. 掌握电导率仪校正值测定的方法;
3. 熟悉电导率仪性能检验的方法。

实验原理:

不同类型的离子选择电极的响应机理虽各有特点,但其膜电位产生的基本原因是相似的。在敏感膜与溶液两相间的界面上,由于离子的扩散破坏了界面附近电荷分布的均匀性,建立起了双电层结构,产生相间电位。在膜内部与内外两个膜表面的界面上也有扩散电位产生,但其大小相同,方向相反,互相抵消。因此,膜电位显示了膜外及膜内表面溶液间的两个相间电位之差。

离子选择电极的电位为内参比电极的电位与膜电位之和,即

$$\varphi_{\text{ISE}}=\varphi_{\text{内参}}+\varphi_{\text{膜}}=k+\frac{RT}{ZF}\ln a_{\text{M}}$$

式中　k——常数项,包括内参比电极的电位与膜内的相间电位;

R——气体常数,8.314 5 J/mol · K;

T——热力学温度,K;

F——法拉第常数,96 486.7 C/mol;

Z——离子的电荷数。

a_{M}——液相中 M^{Z+} 离子的活度。

电导率仪的性能指标合格与否,直接影响测定结果的准确性,无论新购还是已经使用一段时间的仪器,均须进行性能检验。仪器稳定性是检查的一个重要方面,若连续多次测定结果的相对标准偏差 RSD≤2%,则符合要求。

主要试剂和仪器:

1. 电导率仪、恒温水浴(25±0.2)℃、烘箱。
2. 纯水:电导率小于 1 μS/cm。
3. 标准氯化钾(KCl)溶液:c(KCl) = 0.010 0 mol/L。称取 0.745 6 g KCl,于 105 ℃干燥 2 h,溶解于纯水(电导率小于 1 μS/cm),于 25 ℃下定容至 1 000 mL。该溶液在 25 ℃时的电导率为 1 413 μS/cm。

实验内容和步骤:

1. 电导池常数的测定

用 0.010 0 mol/L 标准氯化钾溶液冲洗电导池三次。将电导池注满标准溶液,恒温水浴 0.5 h。测定溶液电阻 R_{KCl}。

2. 用公式 $Q=KR_{\text{KCl}}$ 计算电导池常数。

对于 0.010 0 mol/L 标准氯化钾溶液,在 25 ℃时,K=1 413 μS/cm,即 Q=1 $413R_{\text{KCl}}$。

3. 仪器稳定性

用纯水冲洗电导池,再用待测样品冲洗数次后,测定待测样品的电阻 R,同时记录样品温度。连续测定 7 次电阻,根据相对标准偏差是否在 2%内进行判断。

4. 电导率仪的准确度

实验要点(学生记录):

思考与讨论:

1. 新鲜纯水存放一段时间后,对电导率的测定有何影响?
2. 校准电导率仪的准确度及重现性对测定有什么实际意义?
3. 使用电导率仪时,应该注意哪些问题?

1.2.2　任务二实施过程

<table>
<tr><td rowspan="2">项目 1 工作页</td><td>任务二:电极法测定试样的电导率</td><td>姓名:</td><td>班级:</td></tr>
<tr><td>学习领域:仪器分析</td><td>学号:</td><td>日期:</td></tr>
</table>

实验目的:

1. 掌握用电极法测定待测试样电导率的原理和方法;
2. 运用公式,正确计算出待测试样的电导率。

实验原理:

由于电导是电阻的倒数,因此,当两个电极插入溶液中,可测出两电极间的电阻 R,根据欧姆定律,温度压力一定时,这个电阻值与电极的间距 L(cm)成正比,与电极的截面积 A(cm^2)成反比,即

$$R=\rho\frac{L}{A}$$

由于电极截面积 A 和间距 L 都是固定不变的,故 L/A 是一常数,称为电导池常数,以 Q 表示。比例常数 ρ 称作电阻率。其倒数 $1/\rho$ 称为电导率,以 K 表示。

$$S=\frac{1}{R}=\frac{1}{\rho Q}$$

S 表示电导度,反映导电能力的强弱。所以,$K=QS$ 或 $K=Q/R$。

当已知电导池常数,并测出电阻后,即可求出电导率。

主要仪器和试剂:

1. 电导率仪:误差不超过 1%。
2. 温度计:能读至 0.1 ℃。
3. 恒温水浴:(25±0.2)℃。
4. 纯水:将蒸馏水通过离子交换柱,电导率小于 1 μS/cm。
5. 标准氯化钾溶液:c(KCl)= 0.010 0 mol/L。称取 0.745 6 g KCl,于 105 ℃干燥 2 h,溶解于纯水(电 导率小于 1 μS/cm)中,于 25 ℃下定容至 1 000 mL。该溶液在 25 ℃时的电导率为 1 413 μS/cm。

必要时,可将标准氯化钾溶液用纯水加以稀释,不同浓度氯化钾溶液的电导率(25 ℃)如下表所示:

浓度/($mol \cdot L^{-1}$)	电导率/($\mu S \cdot cm^{-1}$)	浓度/($mol \cdot L^{-1}$)	电导率/($\mu S \cdot cm^{-1}$)
0.000 1	14.94	0.001	147
0.000 5	73.9	0.005	717.8

实验内容和步骤:

1. 仪器准备(参照微课视频 1-1)。
2. 电导池常数的测定。
3. 样品测定。
4. 计算电导率:

$$K(\mu S/cm)=\frac{Q}{R}=\frac{1\ 413R_{KCl}}{R}$$

式中 R_{KCl}——0.01 mol/L 标准氯化钾溶液的电阻，Ω；

R——水样的电阻，Ω；

Q——电导池常数。

当测定时的水样温度不是 25 ℃时，应导出 25 ℃时的电导率，即

$$K_s = K_t / [1+\alpha(t-25)]$$

式中 K_s——25 ℃时的电导率，μS/cm；

K_t——温度为 t 时的电导率，μS/cm；

α——各离子电导率的平均温度系数，取 0.022；

t——测定时的温度，℃。

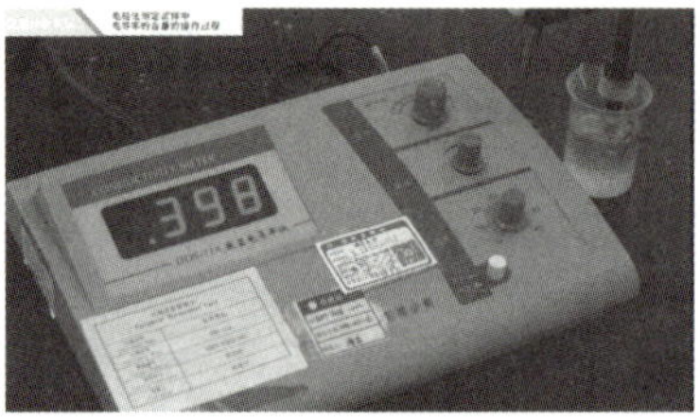

【视频 1-2 电极法测定试样中电导率的含量操作过程】

【PPT 1-2 电极法测定试样中电导率的含量操作过程】

实验要点（学生记录）：

思考与讨论：

1. 为什么要使用与待测试样电导率相近的氯化钾标准溶液测定电导池常数？
2. 如果用已知电导池常数的电导池，那么需不需要测定电导池常数，为什么？

1.2.3　任务三实施过程

<table>
<tr><td rowspan="2">项目 1 工作页</td><td>任务三:玻璃电极法测定试样的 pH 值</td><td>姓名:</td><td>班级:</td></tr>
<tr><td>学习领域:仪器分析</td><td>学号:</td><td>日期:</td></tr>
<tr><td colspan="4">实验目的:
掌握用玻璃电极法测定待测试样 pH 值的原理和方法。</td></tr>
<tr><td colspan="4">实验原理:
pH 值由测量电池的电动势而得。该电池通常由饱和甘汞电极(参比电极)和玻璃电极(指示电极)组成。在 25 ℃,溶液中每变化 1 个 pH 单位,电位差改变 59.16 mV,据此在仪器上直接以 pH 的读数表示。温度差异在仪器上有补偿装置。</td></tr>
</table>

主要仪器和试剂:

1. 玻璃电极、饱和甘汞电极。
2. 磁力搅拌器。
3. 50 mL 聚乙烯或聚四氟乙烯烧杯。
4. 用于校准仪器的标准溶液:按下表规定称取试剂,溶解于 25 ℃纯水中,在容量瓶内定容至 1 000 mL。水的电导率应低于 2 μS/cm,临用前煮沸数分钟,赶除二氧化碳,冷却。取 50 mL 冷却的水,加 1 滴饱和氯化钾溶液,测量 pH 值,如 pH 值在 6~7 即可用于配制各种标准溶液。

标准物质	pH 值(25 ℃)	每 1 000 mL 水溶液中所含试剂的质量(25 ℃)
基本标准		
酒石酸氢钾(25 ℃饱和)	3.557	6.4 g $KHC_4H_4O_6$①
柠檬酸二氢钾	3.776	11.41 g $KH_2C_6H_5O_7$
邻苯二甲酸氢钾	4.008	10.12 g $KHC_8H_4O_4$
磷酸二氢钾+磷酸氢二钠	6.865	3.388 g $KH_2PO_4$②+3.533 g $Na_2HPO_4$②③
磷酸二氢钾+磷酸氢二钠	7.413	1.179 g $KH_2PO_4$②+4.302 g $Na_2HPO_4$②③
四硼酸钠	9.180	3.80 g $Na_2B_4O_7\cdot 10H_2O$③
碳酸氢钠+碳酸钠	10.012	2.92 g $NaHCO_3$+2.64 g Na_2CO_3
辅助标准		
二水合四草酸钾	1.679	12.61 g $KH_3C_4O_8\cdot 2H_2O$④
氢氧化钙(25 ℃饱和)	12.454	1.5 g $Ca(OH)_2$①

注:①近似溶解度;

②在 100~130 ℃烘干 2 h;

③用新煮沸过并冷却的无二氧化碳水;

④烘干温度不可超过 60 ℃。

实验内容和步骤：

1. 按仪器使用说明书准备(参照微课视频 1-1)。

2. 将待测试样与标准溶液调到同一温度，记录测定温度，把仪器温度补偿旋钮调至该温度处。选用与待测试样 pH 值相差不超过 2 的标准溶液校准仪器。从第一个标准溶液中取出两个电极，彻底冲洗，并用滤纸边缘轻轻吸干。再浸入第二个标准溶液中，其 pH 值约与前一个相差 3。若测定值与第二个标准溶液的 pH 值之差大于 0.1，就要检查仪器、电极或标准溶液是否有问题。当三者均无异常情况时，方可测试待测试样。

3. 先用蒸馏水仔细冲洗两个电极，再用待测水样冲洗，然后将电极浸入水样中，小心搅拌或摇动使其均匀，待读数稳定后记录 pH 值。

实验要点(学生记录)：

思考与讨论：

1. 为什么测量 pH 值时要进行温度校准?

2. 玻璃电极在使用前应做何预处理，为什么?

1.2.4　任务四实施过程

项目 1 工作页	任务四:离子选择电极法测定试样中氟化物的含量	姓名:	班级:
	学习领域:仪器分析	学号:	日期:

实验目的:

1. 掌握用离子选择电极法测定试样中氟化物的原理和方法;
2. 掌握离子选择电极法校准曲线的绘制;
3. 运用校准曲线,正确计算出待测试样中的氟化物含量。

实验原理:

当氟离子选择电极与含氟的试液接触时,电池的电动势(E)随溶液中氟离子活度的变化而改变(遵守能斯特方程)。当溶液的总离子强度为定值且足够大时,服从如下关系式:

$$E=E_0-\frac{2.303RT}{F}\lg c_{F^-}$$

E 与 $\lg c_{F^-}$ 成直线关系,$\frac{2.303RT}{F}$ 为该直线的斜率,亦为电极的斜率。

工作电池可表示如下:

Ag | Cl,Cl^-(0.33 mol/L),F^-(0.001 mol/L) | LaF_3 ‖ 试液 ‖ 外参比电极

主要仪器和试剂:

1. 氟离子选择电极。
2. 饱和甘汞电极或氯化银电极。
3. 离子活度计、毫伏计或 pH 计,精确到 0.1 mV。
4. 磁力搅拌器:具备覆盖聚乙烯或聚四氟乙烯等的搅拌棒。
5. 盐酸(HCl):c=2 mol/L。
6. 硫酸(H_2SO_4):ρ=1.84 g/mL。
7. 总离子强度调节缓冲溶液(TISAB):

(1)0.2 mol/L 柠檬酸钠-1 mol/L 硝酸钠(TISAB Ⅰ):称取 58.8 g 二水柠檬酸钠和 85 g 硝酸钠,加水溶解,用盐酸调节 pH 值至 5~6,转入 1 000 mL 容量瓶中,稀释至标线,摇匀。

(2)总离子强度调节缓冲溶液(TISAB Ⅱ):量取约 500 mL 水于 1 L 烧杯内,加入 57 mL 冰乙酸、58 g 氯化钠和 4.0 g 环己二胺四乙酸(CDTA),或者 1,2 环己撑二胺四乙酸,搅拌溶解。置烧杯于冷水浴中,在不断搅拌下慢慢地加入 6 mol/L 氢氧化钠(NaOH,约 125 mL),使 pH 值达到 5.0~5.5,转入 1 000 mL 容量瓶中,稀释至标线,摇匀。

(3)1 mol/L 六次甲基四胺-1 mol/L 硝酸钾-0.03 mol/L 钛铁试剂(TISAB Ⅲ):称取 142 g 六次甲基四胺($(CH_2)_6N_4$)、85 g 硝酸钾(KNO_3)和 9.97 g 钛铁试剂($C_6H_4Na_2O_8S_2\cdot H_2O$),加水溶解,调节 pH 值至 5~6,转移到 1 000 mL 容量瓶中,用水稀释至标线,摇匀。

8. 氟化物标准贮备液:称取 0.221 0 g 基准氟化钠(NaF)(预先于 105~110 ℃干燥 2 h,或者于 500~600 ℃干燥约 40 min,干燥器内冷却),用水溶解,转入 1 000 mL 容量瓶中,稀释至标线,摇匀。贮存在聚乙烯瓶中,此溶液每毫升含氟 1 000 μg。

9. 氟化物标准溶液:用无分度吸管吸取氟化物标准贮备液 10.00 mL,注入 100 mL 容量瓶中,稀释至标线,摇匀。此溶液每毫升含氟 10.0 μg。

10. 乙酸钠(CH_3COONa):称取 15 g 乙酸钠溶解于水中,并稀释至 100 mL。

11. 高氯酸($HClO_4$):70%~72%。

实验内容和步骤:

1. 仪器的准备(参照微课视频 1-1)。

2. 样品的测定。

(1)样品预处理;

(2)样品测定。

3. 绘制校准曲线。

4. 电极的存放。

【视频 1-3 离子选择电极法测定试样中氟化物的含量操作过程】 【PPT 1-3 离子选择电极法测定试样中氟化物的含量操作过程】

实验要点(学生记录):

思考与讨论:

1. 氟化物的校准曲线有什么特点?

2. 用离子选择电极法测定氟化物时,加入总离子强度调节剂的作用是什么?

3. 简述氟电极使用前及使用后存放的注意事项。

1.2.5　任务五实施过程

项目 1 工作页	任务五:电位滴定法测定试样中氨基酸态氮的含量(以酱油为例)	姓名:	班级:
	学习领域:仪器分析	学号:	日期:

实验目的:

1. 掌握电位滴定法测定氨基酸总量的原理;
2. 了解电位滴定法确定酸碱滴定终点的原理;
3. 熟练使用酸度计。

实验原理:

氨基酸含有酸性的—COOH,也含有碱性的—NH_2。它们相互作用使氨基酸成为中性的内盐。加入甲醛溶液时,—NH_2 与甲醛结合,其碱性消失。这样就可以用碱液来滴定—COOH,并用间接的方法测定氨基酸的含量。将酸度计的玻璃电极及甘汞电极(或复合电极)插入被测液中构成电池,用碱液来滴定,根据酸度计指示的 pH 值判断和控制滴定终点。

主要仪器和试剂:

1. 酸度计。
2. 玻璃电极及甘汞电极(或复合电级)。
3. 磁力搅拌器。
4. 烧杯:200 mL。
5. 微量滴定管:10 mL。
6. 20%中性甲醛。
7. 0.050 mol/L 氢氧化钠标准溶液。
8. pH 值为 6.18 的标准缓冲溶液。

实验内容和步骤:

1. 仪器校正

开启酸度计电源,预热 30 min,连接玻璃电极及甘汞电极(或复合电级)。选择适当 pH 值的缓冲溶液,测量缓冲溶液的温度,调节温度补偿至实际温度。将电极浸入缓冲溶液中,调节定位旋钮,使酸度计显示的 pH 值与标准缓冲溶液的 pH 值相符。

2. 样品处理

准确称取 5.0 g 酱油试样,置于 100 mL 容量瓶中,加水至刻度,混匀后量取 20.0 mL,置于 200 mL 烧杯中,加入 60 mL 水,开动电磁搅拌器,用氢氧化钠标准溶液[c(NaOH)= 0.050 mol/L]滴定至酸度计指示 pH 值为 8.2,记下消耗氢氧化钠标准溶液的体积,计算总酸含量。

3. 氨基酸的滴定

在上述滴定至 pH 值为 8.2 的溶液中加入 10.0 mL 甲醛溶液,混匀。再用氢氧化钠标准溶液继续滴定至 pH 值为 9.2,记下消耗氢氧化钠标准溶液的体积(V_1)。

4. 空白实验

同时取 80 mL 蒸馏水置于另一 200 mL 烧杯中，先用氢氧化钠标准溶液滴定至 pH 值为 8.2(此时不记碱液消耗量)，再加入 10.0 mL 中性甲醛溶液，混匀。用氢氧化钠标准溶液继续滴定至 pH 值为 9.2，记录消耗氢氧化钠标准溶液的体积(V_2)。

5. 数据处理

$$\text{氨基酸态氮}(\%)=\frac{(V_1-V_2)\times c\times 0.014}{m\times 20\div 100}\times 100\%$$

式中 V_1——样品稀释液在加入甲醛后滴定至终点(pH 值为 9.2)所消耗的氢氧化钠标准溶液的体积，mL；

V_2——空白实验在加入甲醛后滴定至终点(pH 值为 9.2)所消耗的氢氧化钠标准溶液的体积，mL；

c——氢氧化钠标准溶液的浓度，mol/L；

m——测定用样品溶液(相当于样品)的质量，g；

0.014——氮的摩尔质量，mg/mol。

实验要点(学生记录)：

思考与讨论：

1. 标准 pH 缓冲溶液的准确度对实验结果有什么影响?

2. 样品的色度和浑浊度对实验结果有没有影响，为什么?

1.3　任务实施过程考核

1.3.1　任务一实施过程考核

<table>
<tr><td rowspan="2">项目 1 工作页</td><td>任务一:电导率仪的使用和性能检验</td><td>姓名:</td><td>班级:</td></tr>
<tr><td>实施过程考核</td><td>学号:</td><td>日期:</td></tr>
<tr><td colspan="4">主要仪器和试剂:</td></tr>
<tr><td colspan="4">请画出实验步骤的操作流程图:</td></tr>
</table>

数据记录及处理：

1. 仪器校正

标准氯化钾溶液________

测定次数	读数1		读数2	
	水温/℃	电导率/($\mu S \cdot cm^{-1}$)	水温/℃	电导率($\mu S \cdot cm^{-1}$)
0				
1				
2				
3				

2. 仪器稳定性

标准氯化钾溶液________

测定次数	1	2	3	4	5	6	7
R							
水温/℃							
RSD							
结论							

3. 电导率仪准确度

标准氯化钾溶液________

测定次数1		测定次数2		测定次数3		测定次数4	
水温/℃	电导率/($\mu S \cdot cm^{-1}$)	水温/℃	电导率/($\mu S \cdot cm^{-1}$)	水温/℃	电导率/($\mu S \cdot cm^{-1}$)	水温/℃	电导率/($\mu S \cdot cm^{-1}$)
测量均值1				测量均值2			
测定次数5		测定次数6		测定次数7		测定次数8	
水温/℃	电导率/($\mu S \cdot cm^{-1}$)	水温/℃	电导率/($\mu S \cdot cm^{-1}$)	水温/℃	电导率/($\mu S \cdot cm^{-1}$)	水温/℃	电导率/($\mu S \cdot cm^{-1}$)
测量均值3				测量均值4			
RSD：							
结论：							

思考与讨论：

表现评价

评价指标		评价主体		
一级指标	二级指标	学生自评	同学评价	教师评价
知识目标	能掌握实验的基本原理			
	能掌握电导率仪校正值测定的方法			
	能掌握电导率仪性能检验的方法			
能力目标	能说出实验的基本原理			
	能正确进行电导率仪校正值测定			
素质目标	学业管理能力（按时上课，按时完成作业）			
	学业毅力（能意识到困难并克服，能在一定时间内聚焦研究的问题）			
	合作技能（能与同学互帮互助）			
	自我效能（具有完成任务的自信心、成就感及在小组中的归属感）			
	操作态度（严谨、细致）			

1.3.2 任务二实施过程考核

项目1工作页	任务二:电极法测定试样的电导率	姓名:	班级:
	实施过程考核	学号:	日期:
主要仪器和试剂:			
请画出实验步骤的操作流程图:			

数据记录及处理:未知试样电导率的测量

定位用标准电导溶液			
第一点电导率/($\mu S \cdot cm^{-1}$)		第二点电导率/($\mu S \cdot cm^{-1}$)	
电导率读数			
第一次		第二次	
水温/℃	电导率/($\mu S \cdot cm^{-1}$)	水温/℃	电导率/($\mu S \cdot cm^{-1}$)
电导率测量结果			
第一次		第二次	
水温/℃	电导率/($\mu S \cdot cm^{-1}$)	水温/℃	电导率/($\mu S \cdot cm^{-1}$)
测量均值:			

思考与讨论：

表现评价

评价指标		评价主体		
一级指标	二级指标	学生自评	同学评价	教师评价
知识目标	能掌握实验的基本原理			
	能掌握测定的方法			
能力目标	能说出实验的基本原理			
	能正确进行实验操作			
	能正确计算待测试样的样品浓度			
素质目标	学业管理能力(按时上课,按时完成作业)			
	学业毅力(能意识到困难并克服,能在一定时间内聚焦研究的问题)			
	合作技能(能与同学互帮互助)			
	自我效能(具有完成任务的自信心、成就感及在小组中的归属感)			
	操作态度(严谨、细致)			

1.3.3 任务三实施过程考核

项目 1 工作页	任务三:玻璃电极法测定试样的 pH 值	姓名:	班级:
	实施过程考核	学号:	日期:

主要仪器和试剂:

请画出实验步骤的操作流程图:

数据记录及处理:

1. pH 计校正结果

校正用标准溶液		第一点 pH 值				第二点 pH 值			
pH 计校正值	第一次	水温/℃		pH 值		水温/℃		pH 值	
	第二次	水温/℃		pH 值		水温/℃		pH 值	
	pH 均值								

2. 待测试样的测定

第一次		第二次		测量均值
水温/℃	pH 值	水温/℃	pH 值	

思考与讨论：

表现评价

评价指标		评价主体		
一级指标	二级指标	学生自评	同学评价	教师评价
知识目标	能掌握玻璃电极法测定试样 pH 值的原理和方法			
能力目标	能说出实验的基本原理			
	能正确操作实验			
	能正确计算待测试样的样品浓度			
素质目标	学业管理能力（按时上课，按时完成作业）			
	学业毅力（能意识到困难并克服，能在一定时间内聚焦研究的问题）			
	合作技能（能与同学互帮互助）			
	自我效能（具有完成任务的自信心、成就感及在小组中的归属感）			
	操作态度（严谨、细致）			

1.3.4 任务四实施过程考核

项目 1 工作页	任务四:离子选择电极法测定试样中氟化物的含量	姓名:	班级:
	实施过程考核	学号:	日期:

主要仪器和试剂:

请画出实验步骤的操作流程图:

数据记录及处理:

1. 氟化物校准曲线

V/mL	0.00	1.00	3.00	5.00	10.00	20.00
$c/(\mu g \cdot mL^{-1})$						
E/mV						
$\lg c_{F^-}$						
回归方程			相关系数			

以对数值为横坐标,电位值 E 为纵坐标,绘制吸收曲线,校准曲线图(使用 Excel 绘制,打印粘贴)。

2. 氟化物的含量

取样量 (　　　)	稀释倍数	毫伏值 /mV	测量浓度 (　　　)	待测试样浓度 (　　　)
待测试样平均值:				

思考与讨论:

表现评价

评价指标		评价主体		
一级指标	二级指标	学生自评	同学评价	教师评价
知识目标	能掌握离子选择电极法测定试样中氟化物含量的方法和原理			
能力目标	能说出实验的基本原理			
	能正确操作实验			
	能正确计算待测试样的样品浓度			
素质目标	学业管理能力(按时上课,按时完成作业)			
	学业毅力(能意识到困难并克服,能在一定时间内聚焦研究的问题)			
	合作技能(能与同学互帮互助)			
	自我效能(具有完成任务的自信心、成就感及在小组中的归属感)			
	操作态度(严谨、细致)			

1.3.5 任务五实施过程考核

<table>
<tr><td rowspan="2">项目 1 工作页</td><td>任务五:电位滴定法测定试样中氨基酸态氮的含量(以酱油为例)</td><td>姓名:</td><td>班级:</td></tr>
<tr><td>实施过程考核</td><td>学号:</td><td>日期:</td></tr>
<tr><td colspan="4">主要仪器和试剂:</td></tr>
<tr><td colspan="4">请画出实验步骤的操作流程图:</td></tr>
</table>

数据记录及处理:未知试样中氨基酸态氮的测定

标准溶液名称			标准溶液浓度	$c=$	
样品名称	取样量 (　　)	滴定起点 (　　)	滴定终点 (　　)	滴定量 (　　)	试样结果 (　　)
空白 1					
空白 2					
未知试样 1					
未知试样 2					
未知试样 3					
未知试样 4					
测量均值:					

思考与讨论：

表现评价

评价指标		评价主体		
一级指标	二级指标	学生自评	同学评价	教师评价
知识目标	能掌握电位滴定法测定试样中氨基酸态氮含量的基本原理			
	能正确计算待测试样中氨基酸态氮的含量			
能力目标	能说出实验的基本原理			
	能正确进行实验操作			
	能正确计算待测试样的样品浓度			
素质目标	学业管理能力（按时上课，按时完成作业）			
	学业毅力（能意识到困难并克服，能在一定时间内聚焦研究的问题）			
	合作技能（能与同学互帮互助）			
	自我效能（具有完成任务的自信心、成就感及在小组中的归属感）			
	操作态度（严谨、细致）			

项目 2　紫外-可见分光光度法

2.1　项 目 介 绍

紫外-可见分光光度法是基于物质分子对 200~780 nm 区域内光辐射的选择性吸收而建立起来的分析方法。通过测定物质的吸光度，可进行定性、定量分析。

物质的吸收光谱具有与其结构相关的特征性，可通过特定波长范围内样品的光谱与对照光谱或对照品光谱的比较，或通过确定最大吸收波长，或通过测定两个特定波长处的吸收比值来鉴别物质，实现定性分析。另外，还可在最大吸收波长处测量一定浓度样品溶液的吸光度，并与一定浓度的对照溶液的吸光度进行比较，或采用吸收系数法求出样品溶液的浓度，从而实现定量分析。

如图 2-1 所示为紫外-可见分光光度计。

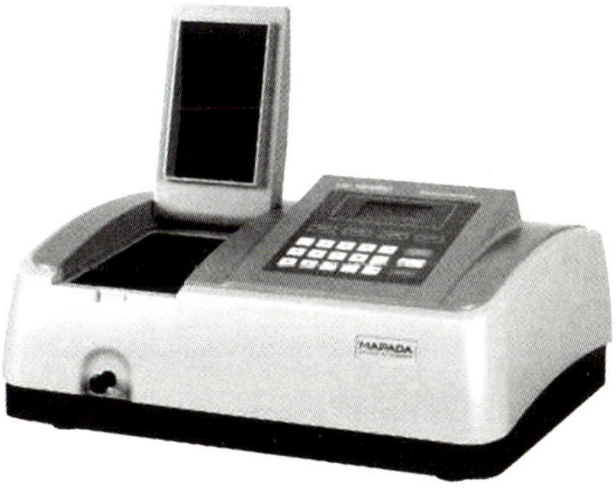

图 2-1　紫外-可见分光光度计

2.1.1　项目目标

知识目标：

1. 掌握紫外-可见分光光度法测定基本原理及应用；
2. 熟悉紫外-可见分光光度计的结构；
3. 了解紫外-可见分光光度计的维护和保养等相关知识。

能力目标：

1. 能熟练地操作紫外分光光度计和可见分光光度计；
2. 能应用紫外-可见分光光度法进行样品的定性、定量分析。

素质目标：

1. 具有良好的职业道德和职业素养；
2. 具有精益求精、严谨、细致的工匠精神；
3. 具有良好的团队合作精神。

2.1.2　项目资讯

1. 紫外-可见分光光度计的结构是怎样的？
2. 紫外-可见分光光度计如何操作？

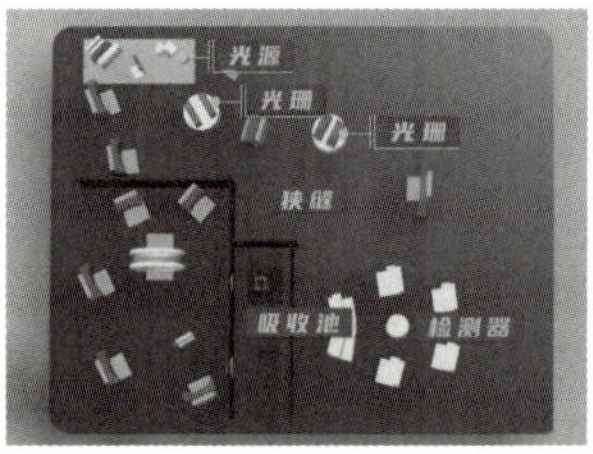

【动画 2-1　紫外-可见分光光度计的结构】

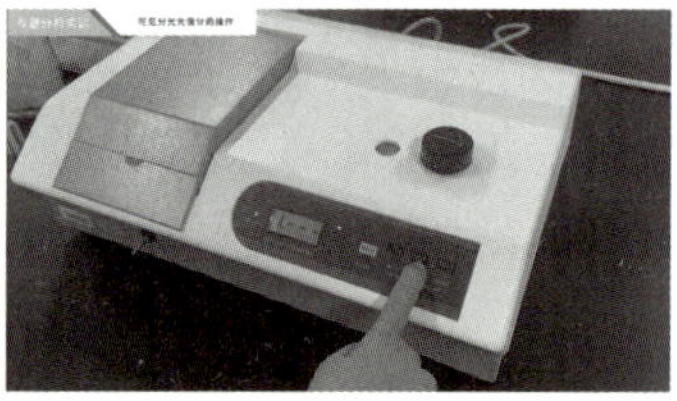

【视频 2-1　紫外-可见分光光度计的操作】

【PPT 2-1　紫外-可见分光光度计的操作】

3. 紫外-分光光度计的维护和保养

(1)对仪器工作环境的要求

①紫外-可见分光光度计应安装在稳固的工作台上(远离高强度磁场、电场及产生高频波的电气设备)。

②仪器的环境温度最好为 5~35 ℃,应避免强光直射;室内相对湿度不大于 85%。

③仪器房间内的风扇不能直接向仪器吹风,否则,影响灯丝发光的稳定性。

④应避免仪器在有腐蚀性气体及有尘土的环境中使用。

(2)仪器维护和保养方法

①光源灯的使用寿命是有限的,为延长使用寿命,应尽可能减少开灯的次数。刚关闭的光源灯不要立即重新开启,仪器连续使用时间不超过 3 h,若需长时间使用,最好间歇 30 min。

当光源灯损坏或性能下降时,要及时进行更换。更换时不要用手直接接触窗口或灯泡,避免沾污,若不小心接触,用无水乙醇擦拭。当仪器长期使用或光源灯刚更换时,需要对仪器光源灯的位置进行检查和调整,必须仔细上下调整光源灯的位置,使其光斑聚集在入狭缝正中处。

②单色器是仪器的核心部分,为保证其正常工作,不能随意拆开,需装在密封盒里。为

避免损坏单色器内的部件，应平稳旋转波长调节旋钮，不可用力过猛。

③必须正确使用吸收池。

a. 取用吸收池时，手指只能接触毛玻璃面，不能接触光学面。

b. 吸收池应配套使用。

c. 吸收池中溶液不能太满，防止溢出-而污染仪器内部。腐蚀性物质的溶液不能长时间放在吸收池内。

d. 吸收池不能用硬物或毛刷洗涤。

④光电转换元件不能长时间曝光，应避免强光照射或受潮、积尘。在测量过程中要注意随时关闭检测器的光门。

⑤仪器液晶显示屏要防划伤、防水、防尘、防腐蚀，使用完毕盖上防尘罩。

⑥定期进行性能指标检测，发现问题及时处理。

2.1.3　项目资讯实施过程考核

<table>
<tr><td rowspan="2">项目 2 工作页</td><td>项目资讯任务(可见分光光度法)</td><td>姓名：</td><td>班级：</td></tr>
<tr><td>实施过程考核</td><td>学号：</td><td>日期：</td></tr>
<tr><td colspan="4">请写出可见分光光度计结构中的主要零部件名称：

</td></tr>
<tr><td colspan="4">请画出可见分光光度计的操作流程图：

</td></tr>
</table>

表现评价

评价指标		评价主体		
一级指标	二级指标	学生自评	同学评价	教师评价
知识目标	能掌握实验的基本原理			
	能掌握可见分光光度计的结构			
	能掌握可见分光光度计的操作步骤			
	了解可见分光光度计的维护和保养知识			
能力目标	能说出实验的基本原理			
	能写出可见分光光度计结构中的主要零部件名称			
	能简要画出可见分光光度计的操作流程图			
素质目标	学业管理能力(按时上课,按时完成作业)			
	学业毅力(能意识到困难并克服,能在一定时间内聚焦研究的问题)			
	合作技能(能与同学互帮互助)			
	自我效能(具有完成任务的自信心、成就感及在小组中的归属感)			

2.2　任务介绍及实施过程

任务一:分光光度计的性能检验

任务二:邻二氮菲分光光度法测定铁的条件实验和试样中铁含量的测定

任务三:分光光度法测定铬和钴的混合物

任务四:腌制辣椒中亚硝酸盐的测定(盐酸萘乙二胺分光光度法)

任务五:紫外分光光度法测定维生素 C 片中维生素 C 的含量

2.2.1 任务一实施过程

<table>
<tr><td rowspan="2">项目 2 工作页</td><td>任务一：分光光度计的性能检验</td><td>姓名：</td><td>班级：</td></tr>
<tr><td>学习领域：仪器分析</td><td>学号：</td><td>日期：</td></tr>
</table>

实验目的：

1. 掌握分光光度计的使用方法；
2. 掌握比色皿配对和校正值测定的方法；
3. 熟悉分光光度计性能检验的方法。

实验原理：

1. 对于相同规格的比色皿，由于材料、工艺及使用磨损等多种原因，其透光率有所差异，从而影响测定结果的准确性，因此须选择配对使用。配对比色皿之间百分透光率之差应小于 0.5%，可在比色皿中装入同一溶液，通过测定百分透光率进行判断。

2. 实验时常常遇到比色皿彼此不配对的现象，须进行比色皿校正。可在比色皿中装入同一溶液，在测定样品的波长处，重新测定各比色皿的吸光度作为校正值。

3. 分光光度计的性能指标合格与否，直接影响测定结果的准确性，无论新购还是使用一定时间的仪器，均需进行性能检验。仪器稳定性是检查的一个重要方面，若连续多次测定结果的 RSD≤2%，则符合要求。

4. 由于维度变化对机械部分的影响，仪器的工作波长会略有变动，从而影响吸光度的准确度。可以通过检测标准物质吸光度来鉴定吸光度的准确度，常采用 2.0×10^{-4} mol/L 的 $K_2Cr_2O_7$ 硫酸溶液，在规定的波长处测定吸光度，计算其百分吸收系数，并与下表中的规定值进行比较判断。

波长/nm	235(最小)	257(最大)	313(最小)	350(最大)
吸收系数 $E_{1\ cm}^{1\%}$	124.5	144.0	48.62	106.6
吸收系数的许可范围	123.0~126.0	142.8~146.2	47.0~50.3	105.5~108.5

主要试剂和仪器：

1. 可见分光光度计、比色皿(1 cm)。
2. 0.005 mol/L 的 H_2SO_4 溶液：取 0.3 mL 浓硫酸，慢慢加到盛有 1 000 mL 蒸馏水的烧杯中，混匀。
3. 2.0×10^{-4} mol/L 的 $K_2Cr_2O_7$ 硫酸溶液：取在 120 ℃ 干燥至恒重的基准 $K_2Cr_2O_7$ 约 60 mg，精密称定，置于 1 000 mL 容量瓶中，用 0.005 mol/L H_2SO_4 溶液溶解并稀释至刻度，摇匀。

实验内容和步骤：

1. 准备工作（参照微课视频 2-1）。
2. 比色皿的配对性。
3. 比色皿的校正。
4. 仪器稳定性。
5. 吸光度准确度。

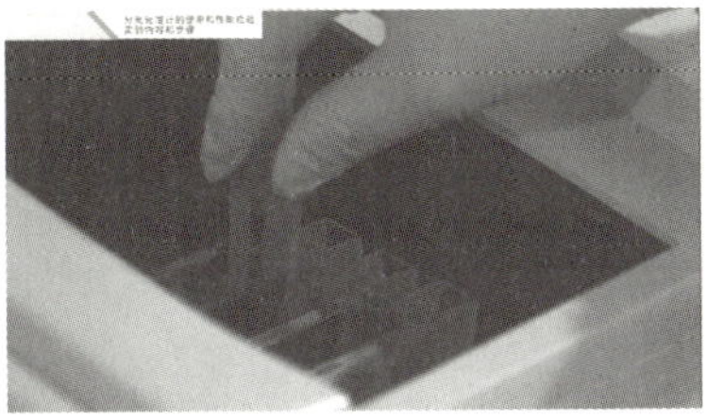

【视频 2-2　分光光度计的使用和性能检验】

【PPT 2-2　分光光度计的使用和性能检验】

实验要点（学生记录）：

思考与讨论：

1. 同规格的比色皿透光度的差异对测定结果有何影响？
2. 使用分光光度计时应该注意哪些问题？

2.2.2 任务二实施过程

<table>
<tr><td rowspan="2">项目 2 工作页</td><td>任务二:邻二氮菲分光光度法测定铁的条件实验和试样中铁含量的测定</td><td>姓名:</td><td>班级:</td></tr>
<tr><td>学习领域:仪器分析</td><td>学号:</td><td>日期:</td></tr>
</table>

实验目的:

1. 了解分光光度法的实验条件;
2. 掌握邻二氮菲分光光度法测定铁的原理和方法;
3. 了解 722 型分光光度计的结构和使用方法。

实验原理:

pH 值在 2~9 时,低价铁(Fe^{2+})和邻二氮菲(phen)的水溶液反应,生成一种很稳定的橙红色配合物,其 $\lg K_{稳}=21.3$。此配合物在 508 nm 波长处有最大吸收,且遵守朗伯-比尔定律,摩尔吸光系数 $\varepsilon=1.1\times10^4$ L/(mol·cm)。

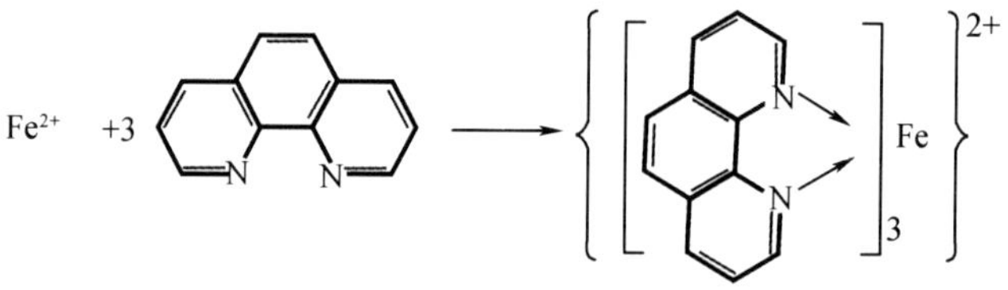

Fe^{3+} 与邻二氮菲也能生成 3:1的淡蓝色配合物,其中 $\lg K_{稳}=14.1$。因此,在显色之前应预先用盐酸羟胺($NH_2OH \cdot HCl$)将 Fe^{3+} 还原成 Fe^{2+},其反应式如下:

$$2Fe^{3+}+2(NH_2OH \cdot HCl)=\!=\!=2Fe^{2+}+N_2\uparrow+2H_2O+4H^++2Cl^-$$

测定时,控制溶液的 pH 值为 5 左右较为适宜。酸度太高,反应进行缓慢;酸度太低,离子水解,影响显色。

分光光度法测定物质含量时,通常要经过取样、显色及测定等步骤。为了使测定有较高的灵敏度和准确度,必须选择适宜的显色反应条件和测量吸光度的条件。通常研究的显色条件有溶液的酸度、显色剂用量、显色时间、温度、溶剂和共存离子干扰及其消除方法等。测量吸光度的条件主要有测量波长、吸光度范围和参比溶液的选择。

主要仪器和试剂:

1. 可见分光光度计、比色管、容量瓶、移液管。
2. 铁标准储备液(100.0 μg/mL):准确称取 0.863 4 g $NH_4Fe(SO_4)_2 \cdot 12H_2O$ 置于烧杯中,加入 10 mL 硫酸溶液(3 mol/L),移入 1 000 mL 的容量瓶中,用蒸馏水稀释至标线,摇匀。
3. 铁标准使用液(10.00 μg/mL):移取 100 μg/mL 的铁标准储备液 10.00 mL 于 100.0 mL 容量瓶中,用蒸馏水稀释至标线,摇匀。
4. 盐酸羟胺溶液(100 g/L):用时现配。
5. 邻二氮菲溶液(1.5 g/L):先用少量乙醇溶解,再用蒸馏水稀释至所需浓度(避光保存,两周内有效)。
6. 乙酸钠溶液 (1.0 mol/L)。
7. 氢氧化钠溶液(1.0 mol/L)。

实验内容和步骤：

1. 准备工作（参照微课视频 2-1）

2. 条件实验

（1）绘制吸收曲线（确定测定波长）；

（2）有色配合物稳定性试验（显色时间）；

（3）显色剂用量试验；

（4）酸度范围（pH 值）；

（5）工作曲线的绘制；

（6）未知铁样的测定。

3. 结束工作

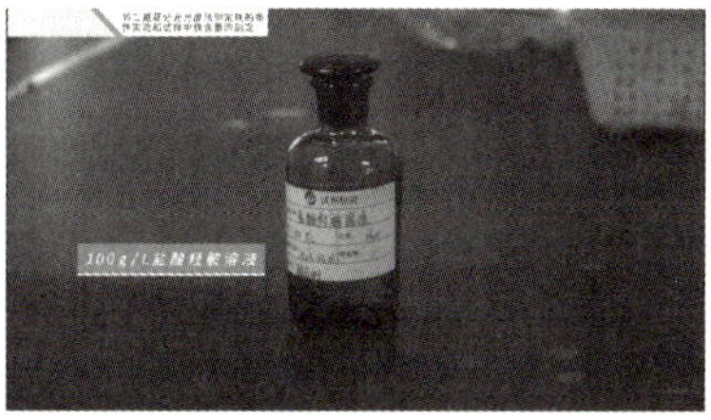

【视频 2-3　邻二氮菲分光光度法测定铁的条件实验和试样中铁含量的测定】

【PPT 2-3　邻二氮菲分光光度法测定铁的条件实验和试样中铁含量的测定】

实验要点（学生记录）：

思考与讨论：

1. 显色前，在 Fe^{3+} 标准溶液中加盐酸羟胺的目的是什么？如测定一般铁盐的总铁量，是否需要加盐酸羟胺？

2. 显色时，加还原剂、缓冲溶液、显色剂的顺序是否可以颠倒，为什么？

3. 本实验中量取各种试剂时，采用哪种量器较为合适，为什么？

2.2.3 任务三实施过程

项目 2 工作页	任务三:分光光度法测定铬和钴的混合物	姓名:	班级:
	学习领域:仪器分析	学号:	日期:

实验目的:

学习用分光光度法测定有色混合物组分的原理和方法。

实验原理:

当混合物中两组分 M 和 N 的吸收光谱互不重叠时,则只需要分别在波长 λ_1 和 λ_2 处测定试样溶液中 M 和 N 的吸光度,就可以得到其相应的含量。若 M 和 N 的吸收光谱相互重叠,只要服从吸收定律,则可根据吸光度的加和性质在 M 和 N 的最大吸收波长 λ_1 和 λ_2 处测量总吸光度 $A_{\lambda 1}$ 和 $A_{\lambda 2}$。根据吸光度的加和性,列出如下方程组:

$$\begin{cases} A_{\lambda 1}=\varepsilon_{M1}bc_M+\varepsilon_{N1}bc_N \\ A_{\lambda 2}=\varepsilon_{M2}bc_M+\varepsilon_{N2}bc_N \end{cases}$$

式中 b—吸收池厚度;

c_M、c_N——M 组分和 N 组分的浓度;

ε_{M1}、ε_{N1}——M 组分和 N 组分在 λ_1 波长处的摩尔吸收系数;

ε_{M2}、ε_{N2}——M 组分和 N 组分在 λ_2 波长处的摩尔吸收系数。

本实验测 Cr 和 Co 的混合物。先配制 Cr 和 Co 的系列标准溶液,然后分别在波长 λ_1 和 λ_2 处测定 Cr 和 Co 系列标准溶液的吸光度,并绘制标准曲线,所得四条工作曲线的斜率即为 Cr 和 Co 在波长 λ_1 和 λ_2 处的摩尔吸收系数,代入上述方程组中即可求出 Cr 和 Co 的含量。

主要仪器和试剂:

1. 可见分光光度计、容量瓶、吸量管。
2. 0.700 mol/L $Co(NO_3)_2$ 溶液、0.200 mol/L $Cr(NO_3)_3$ 溶液。

实验内容和步骤:

1. 准备工作

(1)清洗容量瓶、吸量管及需用的玻璃器皿。

(2)配制 0.700 mol/L $Co(NO_3)_2$ 溶液和 0.200 mol/L $Cr(NO_3)_3$ 溶液。

(3)按仪器使用说明书检查仪器,开机预热 20 min,并调试至工作状态。

(4)检查仪器波长的正确性和吸收池的配套性。

2. 系列标准溶液的配制

取4只洁净的50 mL容量瓶，分别加入2.50 mL、5.00 mL、7.50 mL、10.00 mL 0.700 mol/L $Co(NO_3)_2$溶液，另取4只洁净的50 mL容量瓶分别加入2.50 mL、5.00 mL、7.50 mL、10.00 mL 0.200 mol/L $Cr(NO_3)_3$溶液，分别用蒸馏水将各容量瓶中的溶液稀释至标线，摇匀。

3. 测绘$Co(NO_3)_2$和$Cr(NO_3)_3$溶液的吸收光谱曲线，确定入射光波长λ_1和λ_2

取步骤2配制的$Co(NO_3)_2$和$Cr(NO_3)_3$系列标准溶液各一份，以蒸馏水为参比，在420~700 nm，每隔20 nm测一次吸光度（在峰值附近间隔小些），分别绘制$Co(NO_3)_2$和$Cr(NO_3)_3$的吸收曲线，并确定入射光波长λ_1和λ_2。

4. 工作曲线的绘制

以蒸馏水为参比，在波长λ_1和λ_2处分别测定步骤2配制的$Co(NO_3)_2$和$Cr(NO_3)_3$系列标准溶液的吸光度，并记录各溶液在不同波长下的相应吸光度。

5. 未知溶液的测定

取一只洁净的50 mL容量瓶，加入5.00 mL未知溶液，用蒸馏水稀释至标线，摇匀。在波长λ_1和λ_2处测量试液的吸光度$A_{\lambda 1}$和$A_{\lambda 2}$。

实验要点（学生记录）：

思考与讨论：

1. 同时测定两组分混合液时，应如何选择入射光波长？

2. 如何测定三组分混合液？

2.2.4 任务四实施过程

<table>
<tr><td rowspan="2">项目 2 工作页</td><td>任务四:腌制辣椒中亚硝酸盐的测定
(盐酸萘乙二胺分光光度法)</td><td>姓名:</td><td>班级:</td></tr>
<tr><td>学习领域:仪器分析</td><td>学号:</td><td>日期:</td></tr>
<tr><td colspan="4">实验目的:
1. 知道分光光度法测定腌制辣椒中亚硝酸盐含量的原理;
2. 明确亚硝酸盐含量在食品中的限量标准;
3. 会应用盐酸萘乙二胺分光光度法测定腌制辣椒中亚硝酸盐的含量。</td></tr>
<tr><td colspan="4">实验原理:
亚硝酸盐是一种食品添加剂,常用作护色剂和防腐剂,但由于人体摄入过多亚硝酸盐易引起食物中毒,有致畸和致癌风险,因此对其在食品中的添加量有着严格的控制。
样品经沉淀蛋白质、除去脂肪后,在弱酸条件下,亚硝酸盐与对氨基苯磺酸重氮化后,再与盐酸萘乙二胺偶合形成紫红色染料,与标准系列比较定量。</td></tr>
<tr><td colspan="4">主要仪器和试剂:
1. 天平(感量为 0.1 mg 和 1 mg)、组织捣碎机、水浴锅、恒温干燥箱、可见分光光度计。
2. 亚铁氰化钾溶液(106 g/L)。
3. 冰乙酸、盐酸。
4. 乙酸锌溶液(220 g/L):称取 220.0 g 乙酸锌,先加 30 mL 冰乙酸溶解,再用水稀释至 1 000 mL。
5. 饱和硼砂溶液(50 g/L):称取 5.0 g 硼酸钠,溶于 100 mL 热水中,冷却后备用。
6. 对氨基苯磺酸溶液(4 g/L):称取 0.4 g 对氨基苯磺酸,溶于 100 mL 20% 盐酸中,混匀,置棕色瓶中,避光保存。
7. 盐酸萘乙二胺溶液(2 g/L):称取 0.2 g 盐酸萘乙二胺,溶于 100 mL 水中,混匀,置棕色瓶中,避光保存。
8. 亚硝酸钠标准溶液(200 μg/mL,以亚硝酸钠计):准确称取 0.100 0 g 于 110~120 ℃ 干燥恒重的亚硝酸钠,加水溶解,移入 500 mL 容量瓶中,加水稀释至刻度,混匀。
9. 亚硝酸钠标准使用液(5.0 μg/mL):临用前,吸取 2.50 mL 亚硝酸钠标准溶液,置于 100 mL 容量瓶中,加水稀释至刻度。</td></tr>
<tr><td colspan="4">实验内容和步骤:
1. 仪器准备(参照微课视频 2-1)。
2. 样品的预处理。
3. 提取。
4. 测定。
5. 含量计算。
亚硝酸盐(以亚硝酸钠计)的含量按下式计算:
$$X=\frac{m_1\times 1\ 000}{m\times\frac{V_1}{V_2}\times 1\ 000}$$</td></tr>
</table>

式中　X——样品中亚硝酸钠的含量，mg/kg；

m——样品质量，g；

m_1——测定用样液中亚硝酸钠的质量，μg；

1 000——转换系数；

V_1——测定用样液体积，mL；

V_2——样品处理液总体积，mL。

以重复性条件下获得的两次独立测定结果的算数平均值表示，结果保留 2 位有效数字。

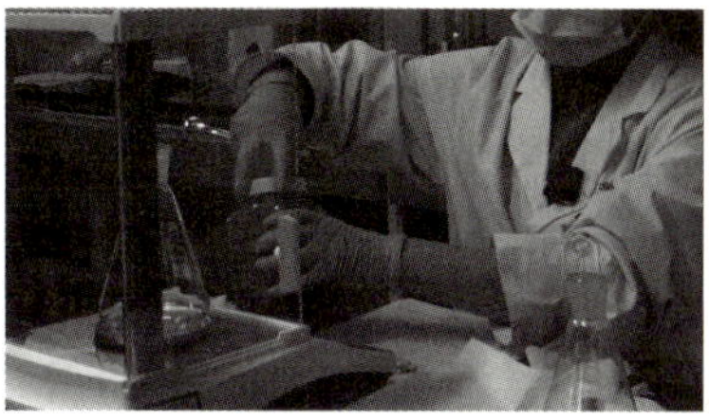

【视频 2-4　腌制辣椒中亚硝酸盐的测定】

【PPT2-4　腌制辣椒中亚硝酸盐的测定】

实验要点（学生记录）：

思考与讨论：

样品预处理的重要性有哪些？

2.2.5 任务五实施过程

<table>
<tr><td rowspan="2">项目 2 工作页</td><td>任务五:紫外分光光度法测定
维生素 C 片中维生素 C 的含量</td><td>姓名:</td><td>班级:</td></tr>
<tr><td>学习领域:仪器分析</td><td>学号:</td><td>日期:</td></tr>
</table>

实验目的:

1. 学习利用紫外吸收光谱测定物质含量的原理和方法;
2. 能熟练操作紫外分光光度计。

实验原理:

维生素 C 是人体所需的重要维生素之一,缺乏时人体会产生坏血病,故又称抗坏血酸。其易溶于水,具有烯醇式己糖内酯立体结构,分 D 和 L 两种立体构型,但只有 L 型有生理功效。维生素 C 具有较强的还原性,在一定条件下氧化型和还原型可以互变,其结构式如下图所示。

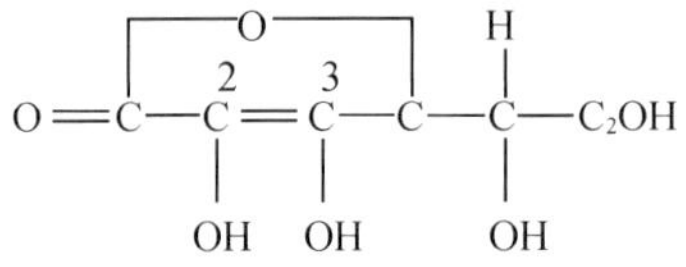

抗坏血酸(还原型)

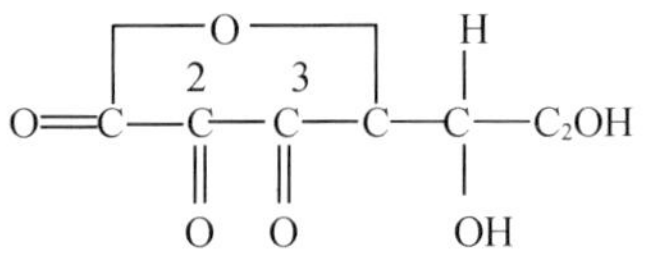

抗坏血酸(氧化型)

具有 π 电子的共轭双键化合物在紫外区有强烈吸收,可利用紫外吸收光谱进行定量分析,根据维生素 C 在稀硫酸溶液(维生素 C 水溶液在 pH 值为 5~6 时稳定)中,在 245 nm 波长处有最大吸收的特性,可利用紫外分光光度法测定维生素 C 片中维生素 C 的含量。

主要仪器和试剂:

1. 紫外分光光度计、玻璃比色皿(1 cm)、容量瓶、烧杯。
2. 98%浓硫酸。
3. 维生素 C 对照品:原料药经 105 ℃干燥至恒重(含量为 99.7%)。
4. 维生素 C 片(2 片)。
5. 去离子水。

实验内容和步骤:

1. 0.005 mol/L H_2SO_4 溶液的配制

用 0.5 mL 移液管准确移取 0.27 mL 98%浓硫酸,放入装有少量蒸馏水的烧杯中,搅拌,冷却至室温后转移至 1 000 mL 容量瓶中,稀释至刻度,待用。

2. 0.5 g/L 对照品溶液的配制

准确称取 105 ℃干燥至恒重的维生素 C 对照品 50 mg,置于 100 mL 容量瓶中,加 0.005 mol/L H_2SO_4溶液制成 0.5 g/L 对照品溶液。

3. 维生素 C 对照品标准溶液的配制

用 1 mL 移液管准确移取 0.5 g/L 对照品溶液 0.5 mL、1.0 mL、1.5 mL、2.0 mL、2.5 mL，分别置于 100 mL 容量瓶中，用 0.005 mol/L 硫酸溶液稀释至刻度，摇匀，待用。

4. 确定测定波长及标准曲线

以 0.005 mol/L H_2SO_4 溶液为空白对照，确定维生素 C 在稀 H_2SO_4 溶液中的最大吸收波长，并在此波长处测定维生素 C 对照品标准溶液的吸光度，作标准曲线。

5. 样品测定

取维生素 C 片 2 片，研细，精密称定适量(0.06 g，约相当于维生素 C 50 mg)置于 100 mL 容量瓶中，加 0.005 mol/L H_2SO_4 溶液适量，超声 5 min 使溶解，再加 0.005 mol/L H_2SO_4 溶液至刻度，摇匀，过滤，弃去初滤液。准确量取续滤液 2.0 mL 置于 100 mL 容量瓶中，加 0.005 mol/L H_2SO_4 溶液至刻度，摇匀，在 245 nm 波长处测定吸光度。

6. 空白实验

模拟维生素 C 片剂处方比例，准确称取辅料适量置于 100 mL 容量瓶中，与步骤 5 样品含量测定同法操作，再在 245 nm 波长处测定吸光度。

7. 计算

$$样品中维生素 C 含量(\%)=\frac{50\times 0.1\times c_{VC}}{m_{VC}}\times 100\%$$

实验要点(学生记录)：

思考与讨论：

1. 实验中加入 H_2SO_4 溶液的目的是什么？

2.3 任务实施过程考核

2.3.1 任务一实施过程考核

<table>
<tr><td rowspan="2">项目 2 工作页</td><td>任务一:分光光度计的性能检验</td><td>姓名:</td><td>班级:</td></tr>
<tr><td>实施过程考核</td><td>学号:</td><td>日期:</td></tr>
<tr><td colspan="4">主要仪器和试剂:</td></tr>
<tr><td colspan="4">请画出实验步骤的操作流程图:</td></tr>
<tr><td colspan="4">数据记录及处理:</td></tr>
</table>

1. 配对性及校正

空白溶液				
配对			校正	
比色皿	$T/\%$	结论	比色皿	A_0
0	100			
1				
2				
3				

2. 仪器稳定性

空白溶液							
测定次数	1	2	3	4	5	6	7
A							
RSD/%							
结论							

3. 吸光度准确度

空白溶液							
比色皿	A_0	A	A_i	平均 A	ε	$E_{1\,\text{cm}}^{1\%}$	结论
1							
2							
3							

思考与讨论：

表现评价

评价指标		评价主体		
一级指标	二级指标	学生自评	同学评价	教师评价
知识目标	能掌握实验的基本原理			
	能掌握比色皿配对和校正值测定的方法			
	能掌握分光光度计性能检验的方法			
能力目标	能说出实验的基本原理			
	能正确进行比色皿配对和校正值测定			
素质目标	学业管理能力（按时上课，按时完成作业）			
	学业毅力（能意识到困难并克服，能在一定时间内聚焦研究的问题）			
	合作技能（能与同学互帮互助）			
	自我效能（具有完成任务的自信心、成就感及在小组中的归属感）			
	操作态度（严谨、细致）			

2.3.2 任务二实施过程考核

<table>
<tr><td rowspan="2">项目 2 工作页</td><td>任务二:邻二氮菲分光光度法测定铁的条件实验和试样中铁含量的测定</td><td>姓名:</td><td>班级:</td></tr>
<tr><td>实施过程考核</td><td>学号:</td><td>日期:</td></tr>
<tr><td colspan="4">主要仪器和试剂:</td></tr>
<tr><td colspan="4">请画出实验步骤的操作流程图:</td></tr>
<tr><td colspan="4">数据记录及处理:</td></tr>
</table>

1. 吸收曲线绘制(A-λ)

波长 λ/nm												
吸光度 A												
波长 λ/nm												
吸光度 A												
波长 λ/nm												
吸光度 A												

2. 显色时间($A-T$)

时间 T/min	2	10	20	30	60	120
吸光度 A						

3. 显色剂用量($A-V$)

显色剂用量 V/mL	0.0	0.5	1.0	2.0	3.0	4.0
吸光度 A						

4. 溶液酸度影响(A-pH)

V_{NaOH}/mL	0.0	0.5	1.0	1.5	2.0	2.5
pH						
吸光度 A						

5. 标准曲线的绘制($A-c$)

$V_{铁标液}$/mL	2.00	4.00	6.00	8.00	10.00
$c_{铁标液}$/($mol \cdot L^{-1}$)					
吸光度 A					

6. 未知试样含铁量的测定

$V_{铁标液}$/mL				
吸光度 A				
$c_{铁标液}$/mol/L				

7. 绘制曲线

分别绘制曲线:(1)$A-\lambda$ 吸收曲线;(2)$A-T$ 曲线;(3)$A-V$ 曲线;(4)A-pH 曲线;(5)$A-c$ 标准曲线。

思考与讨论：

表现评价

评价指标		评价主体		
一级指标	二级指标	学生自评	同学评价	教师评价
知识目标	能掌握实验的基本原理			
	能掌握测定的方法			
能力目标	能说出实验的基本原理			
	能正确进行实验操作			
素质目标	学业管理能力（按时上课，按时完成作业）			
	学业毅力（能意识到困难并克服，能在一定时间内聚焦研究的问题）			
	合作技能（能与同学互帮互助）			
	自我效能（具有完成任务的自信心、成就感及在小组中的归属感）			
	操作态度（严谨、细致）			

2.3.3　任务三实施过程考核

<table>
<tr><td rowspan="2">项目 2 工作页</td><td>任务三:分光光度法测定铬和钴的混合物</td><td>姓名:</td><td>班级:</td></tr>
<tr><td>实施过程考核</td><td>学号:</td><td>日期:</td></tr>
<tr><td colspan="4">主要仪器和试剂:</td></tr>
<tr><td colspan="4">请画出实验步骤的操作流程图:</td></tr>
</table>

数据记录及处理:

1. 工作曲线的绘制

编号	1	2	3	4
$V_{Co(NO_3)_2}$/mL	2.50	5.00	7.50	10.00
$A_{\lambda1}^{Co(NO_3)_2}$				
$A_{\lambda2}^{Co(NO_3)_2}$				
$V_{Cr(NO_3)_3}$/mL	2.50	5.00	7.50	10.00
$A_{\lambda1}^{Cr(NO_3)_3}$				
$A_{\lambda2}^{Cr(NO_3)_3}$				

2. 未知试液的测定

波长	吸光度 A
λ_1	
λ_2	

思考与讨论：

表现评价

评价指标		评价主体		
一级指标	二级指标	学生自评	同学评价	教师评价
知识目标	能掌握分光光度法测定有色混合物组分的原理和方法			
能力目标	能说出实验的基本原理			
	能正确操作实验			
素质目标	学业管理能力(按时上课,按时完成作业)			
	学业毅力(能意识到困难并克服,能在一定时间内聚焦研究的问题)			
	合作技能(能与同学互帮互助)			
	自我效能(具有完成任务的自信心、成就感及在小组中的归属感)			
	操作态度(严谨、细致)			

2.3.4　任务四实施过程考核

项目2工作页	任务四:腌制辣椒中亚硝酸盐的测定	姓名:	班级:
	实施过程考核	学号:	日期:

主要仪器和试剂:

请画出实验步骤的操作流程图:

数据记录及处理:

1. 标准曲线

比色管编号	1	2	3	4	5	6	7	8	9
吸取亚硝酸钠的体积/mL									
亚硝酸盐质量/μg									
吸光度									

2. 样品测定

记录项目	1	2
样品质量 m_3/g		
样品处理液总体积 V_0/mL		
测定用样体积 V_1/mL		
吸光度		
测定用样液中亚硝酸钠的质量 m_2/μg		
亚硝酸盐含量 X_1/(mg · kg^{-1})		
平均值/(mg · kg^{-1})		
极差与平均值之比/%		

思考与讨论：

表现评价

评价指标		评价主体		
一级指标	二级指标	学生自评	同学评价	教师评价
知识目标	了解食品中的限量标准			
	能掌握盐酸萘乙二胺法测定腌制辣椒中亚硝酸盐含量的原理			
能力目标	能说出实验的基本原理			
	能正确操作实验			
素质目标	学业管理能力(按时上课,按时完成作业)			
	学业毅力(能意识到困难并克服,能在一定时间内聚焦研究的问题)			
	合作技能(能与同学互帮互助)			
	自我效能(具有完成任务的自信心、成就感及在小组中的归属感)			
	操作态度(严谨、细致)			

2.3.5　任务五实施过程考核

<table>
<tr><td rowspan="2">项目 2 工作页</td><td>任务五:紫外分光光度法测定维生素 C 片中维生素 C 的含量</td><td>姓名:</td><td>班级:</td></tr>
<tr><td>实施过程考核</td><td>学号:</td><td>日期:</td></tr>
<tr><td colspan="4">主要仪器和试剂:</td></tr>
<tr><td colspan="4">请画出实验步骤的操作流程图:</td></tr>
<tr><td colspan="4">数据记录及处理:</td></tr>
</table>

1. 维生素 C 对照品标准曲线

序号	1	2	3	4	5
维生素 C 标准溶液浓度 $/(g \cdot L^{-1})$					
吸光度					

2. 样品含量测定

样品序号	1	2	3
样品质量 m_{VC}/g			
吸光度			
样品中维生素 C 浓度/(g · L^{-1})			
样品中维生素 C 含量/%			
样品中维生素 C 平均含量/%			
RSD/%			

3. 吸收曲线图(使用 Excel 绘制,打印粘贴)

思考与讨论:

表现评价

评价指标		评价主体		
一级指标	二级指标	学生自评	同学评价	教师评价
知识目标	能掌握实验的基本原理			
	能掌握实验的操作方法			
能力目标	能说出实验的基本原理			
	能正确选择进行操作			
素质目标	学业管理能力(按时上课,按时完成作业)			
	学业毅力(能意识到困难并克服,能在一定时间内聚焦研究的问题)			
	合作技能(能与同学互帮互助)			
	自我效能(具有完成任务的自信心、成就感及在小组中的归属感)			
	操作态度(严谨、细致)			

项目 3　红外吸收光谱法

3.1　项目介绍

红外光谱分析是研究分子振动和转动信息的分子光谱。物质分子在获得一定的光能后，不仅可以引起分子中价电子的跃迁，同时也会引起分子的振动和转动能级的跃迁，后一种跃迁所产生的光谱称为振动或转动光谱，亦称红外光谱。红外光谱反映了分子化学键的特征吸收频率，可用于化合物的结构分析和定量分析。

根据实验技术和应用的不同，我们将红外光划分为三个区域：近红外区（λ：0.75～2.5 μm；$\bar{\nu}$：13 158～4 000 cm^{-1}），中红外区（λ：2.5～25 μm；$\bar{\nu}$：4 000～400 cm^{-1}）和远红外区（λ：25～1 000 μm；$\bar{\nu}$：400～10 cm^{-1}）。分子振动伴随转动大多在中红外区，一般的红外光谱都在此波数区间进行检测。

如图 3-1 所示为红外光谱仪。

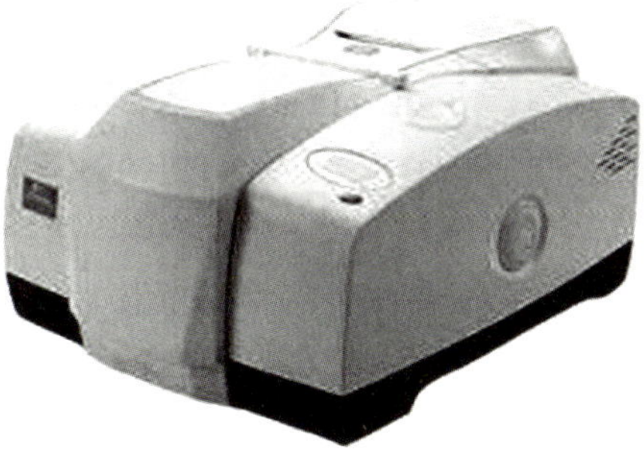

图 3-1　红外光谱仪

3.1.1　项目目标

知识目标：

1. 掌握红外光谱法测定基本原理及应用；
2. 熟悉红外光谱仪的结构；
3. 了解红外光谱仪的维护和保养等相关知识。

能力目标：

1. 能熟练地操作红外光谱仪；
2. 能应用红外光谱法进行样品的定性分析；
3. 具备查阅标准谱图的能力。

素质目标：

1. 具有求真精神；
2. 具有基本的科学原理和方法的运用能力；
3. 具有实证意识和严谨的求知态度。

3.1.2 项目资讯

1. 红外光谱仪的结构是怎样的？
2. 红外光谱仪如何操作？

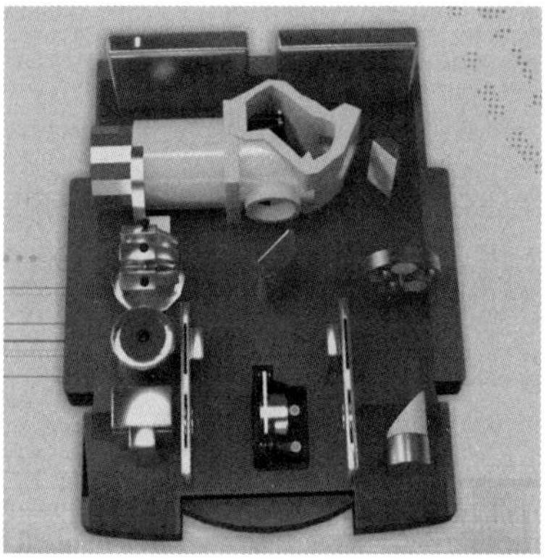

【动画 3-1 红外光谱仪的结构】

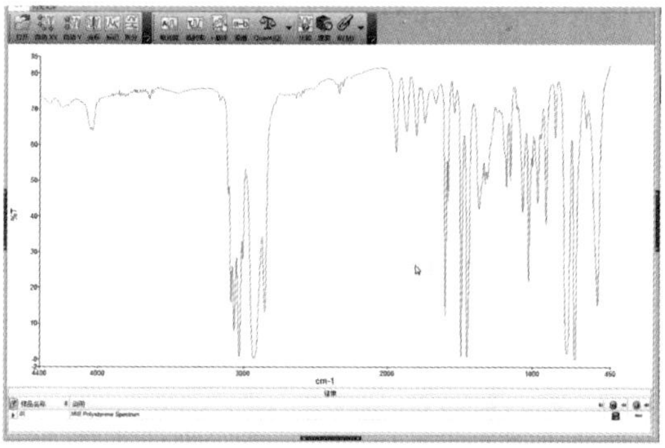

【视频 3-1 红外光谱仪的操作】

3. 红外光谱仪的维护和保养

(1)对仪器工作环境的要求

①仪器的工作环境温度最好在 15~28 ℃；室内相对湿度应小于 65%。

②仪器中光学元件、检测器及某些电气元件均怕震动，应安置在没有震动的房间内并稳固的实验台上。

③仪器使用的电源要远离火花发射源和大功率磁电设备，同时采用电源稳压设备，并设置良好的接地线。

(2)仪器保养和维护方法

①仪器应定期保养，保养时切断电源，并确保不触及任何光学元件及狭缝，包括镜面，若镜面有积灰，应用洗耳球吹。

②各运动部件要定期用润滑油润滑，以保持仪器运转轻快。

③能斯特灯的维护：能斯特灯有一定的使用寿命，要控制时间，不要随意开启和关闭，试验结束时要立即关闭。能斯特灯的机械性能差，容易损坏，因此安装时要小心，使用过程中也要避免被硬物撞击。

④硅碳棒的维护：硅碳棒易折断，要避免碰撞。工作过程中要注意风冷或水冷。

⑤光栅的维护：不要用手或其他物体接触光栅表面，若光栅表面有灰尘或污物时，严禁用绸布、毛刷等擦拭，也不能用嘴吹气除尘，只能用四氯化碳溶液等无腐蚀而易挥发的有机溶剂冲洗。

⑥狭缝、透镜的维护：红外吸收光谱仪的狭缝开启和关闭时要平衡、缓慢，狭缝和透镜不允许碰撞与积尘，如有积尘可用洗耳球或软毛刷清除。若污物较难去除，可用软木条的尖端轻轻除去，直至正常为止。

⑦使用后的样品池应及时清洗，干燥后存放于干燥器中。

3.1.3　项目资讯实施过程考核

项目3工作页	项目资讯任务(红外吸收光谱法)	姓名:	班级:
	实施过程考核	学号:	日期:
请写出红外光谱仪结构中的主要零部件名称:			
请画出红外光谱仪的操作流程图:			
表现评价			

评价指标		评价主体		
一级指标	二级指标	学生自评	同学评价	教师评价
知识目标	能掌握实验的基本原理			
	能掌握红外光谱仪的结构			
	能掌握红外光谱仪的操作步骤			
	了解红外光谱仪的维护和保养知识			
能力目标	能说出实验的基本原理			
	能写出红外光谱仪结构中的主要零部件名称			
	能简要画出红外光谱仪的操作流程图			
素质目标	学业管理能力(按时上课，按时完成作业)			
	学业毅力(能意识到困难并克服，能在一定时间内聚焦研究的问题)			
	合作技能(能与同学互帮互助)			
	自我效能(具有完成任务的自信心、成就感及在小组中的归属感)			

3.2 任务介绍及实施过程

任务一:样品的制备

任务二:苯甲酸红外光谱的测定和解析——压片法

任务三:聚乙烯和聚苯乙烯膜红外光谱测定——薄膜法

任务四:阿司匹林红外吸收光谱的测定

任务五:乙醇的红外光谱法测定

3.2.1 任务一实施过程

项目3工作页	任务一:样品的制备	姓名:	班级:
	学习领域:仪器分析	学号:	日期:

实验目的:

1. 了解红外光谱分析时常用的各种物态试样的制备方法;
2. 掌握固体样品的制备及压片机的使用方法;
3. 掌握薄膜法制备样品的方法;
4. 熟悉糊状法制备样品的方法。

制样要求:

要获得一张高质量红外光谱图,除了仪器本身的因素外,还必须有合适的样品制备方法。红外光谱法对试样的要求如下:

(1)试样应该是单一组分的纯物质,纯度应大于98%或符合商业规格,才便于与纯物质的标准光谱进行对照。多组分试样应在测定前尽量预先用分馏、萃取、重结晶或色谱法进行分离提纯,否则各组分光谱相互重叠,难以判断。

(2)试样中不应含有游离水。水本身有红外吸收,会严重干扰样品谱,而且会侵蚀吸收池的盐窗。

(3)试样的浓度和测定厚度应适当且均匀,以使光谱图中的大多数吸收峰的透射比处于10%~80%范围内。

主要仪器和试剂:

1. 压片机、压片模具、样品架、玛瑙研钵、酒精灯、镊子、不锈钢刮刀、聚四氟乙烯平板、红外灯。
2. 溴化钾(优级纯)、液体石蜡、无水乙醇。

实验内容和步骤:

1. 固体样品的制备

(1)溴化钾压片

(2)薄膜法(以聚乙烯膜为例)

通常将试样热压成膜,将膜夹在两盐片之间,放入样品架固定,测定其红外谱图(薄膜样品可直接采用此法测定)。

取聚乙烯树脂颗粒投入试管内,在酒精灯上加热软化后,马上用不锈钢刮刀将软化物刮到聚四氟乙烯平板上,同时摊成薄膜。将聚四氟乙烯平板水平置于酒精灯上方适宜的高度,加热至聚乙烯重新软化后,离开热源,立即盖上另一片聚四氟乙烯平板,压制薄膜。待冷却后,用镊子小心取下薄膜待用。

(3)糊状法(以阿司匹林为例)

糊状法适用于研磨或压片过程中容易发生晶型转变的供试品。取2~3 mg阿司匹林的干燥固体试样于玛瑙研钵中研细,滴加1~2滴液体石蜡后,充分研磨混匀呈糊状,在红外灯下干燥后备用。

2. 液体样品的制备(以乙醇为例)

(1)液膜法

对于沸点较高的液态样品,可采用液膜法。先将未滴加乙醇的KBr盐片置于样品架上采集背景,然后用干净的滴管取少量乙醇,直接滴在一片干净的KBr盐片上,盖上另外一片KBr盐片,乙醇在两块盐片之间形成一薄层液膜(注意不要产生气泡),待用。

(2)液体池法

对于沸点低且易挥发的液态样品,应采用封闭式液体池检测。先将空的液体池置于仪器的样品架上采集背景。然后去掉液体池的塞子,将液体池平放在桌面上,将液体池的一端轻轻抬起,用注射器吸入一定量的乙醇注入液体池中,盖上液体池的塞子。

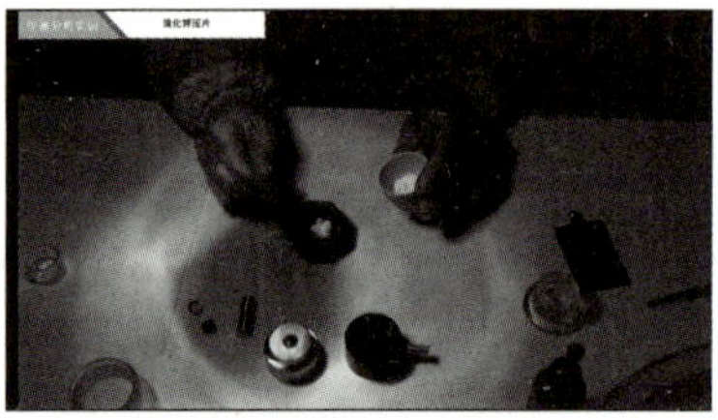

【视频 3-2　样品的制备】

【PPT 3-2　样品的制备】

实验要点(学生记录):

思考与讨论:

简单说明制备固体试样的常见方法,以及各种方法的特点和适用范围。

3.2.2　任务二实施过程

项目 3 工作页	任务二:苯甲酸红外光谱的测定和解析——压片法	姓名:	班级:
	学习领域:仪器分析	学号:	日期:

实验目的:

1. 了解红外光谱仪测定苯甲酸的基本原理和操作步骤;
2. 学习苯甲酸红外图谱的解析方法。

实验原理:

将固体样品与卤化碱(通常采用 KBr)混合研细,并压成透明片状,然后放在红外光谱仪上进行分析,这种方法称为压片法。

由于氢键的作用,苯甲酸通常以二分子缔合体的形式存在。只有在测定气态样品或非极性溶剂的稀溶液时,才能看到游离态苯甲酸的特征吸收。用压片法得到的红外光谱中显示的是苯基酸二分子缔合体的特征,其分子中各原子基团的基频峰的频率在 4 000~650 cm^{-1},如下表所示。

原子基团的基本振动形式	基频峰的频率/cm^{-1}
$\upsilon_{=C-H}$(Ar 上)	3 077,3 012
$\upsilon_{C=C}$(Ar 上)	1 600,1 582,1 495,1 450
δ_{C-H}(Ar 上邻接五氯)	715,690
$\upsilon_{C=H}$(形成氢键二聚体)	3 000~2 500(多重峰)
δ_{O-H}	935
$\upsilon_{C=O}$	1 400
δ_{C-O-H}(面内弯曲振动)	1 250

本实验用 KBr 晶体稀释苯甲酸标样和试样,研磨均匀后,分别压制成晶片,以纯 KBr 晶片作参比,在相同的实验条件下,分别测绘标样和试样的红外吸收光谱。从获得的两张图谱中,对照上述的各原子基团频率峰的频率及吸收强度,若两张图谱一致,则可认为该试样是苯甲酸。

主要仪器和试剂:

1. 红外光谱仪、红外干燥灯。
2. 苯甲酸(优级纯)。
3. 苯甲酸试样(经过提纯)。

实验内容和步骤:

1. 苯甲酸标样、试样和纯溴化钾晶片的制作:

(1)纯 KBr 晶片的制作:见任务一中溴化钾压片。

(2)苯甲酸标样的制作:取一份 150 mg 左右的溴化钾置于洁净的玛瑙研钵中,加入 2~3 mg 优级纯苯甲酸,同(1)操作研磨均匀,压片并保存在干燥器中。

(3)苯甲酸试样的制作:取一份 150 mg 左右的溴化钾置于洁净的玛瑙研钵中,加入 2~3 mg 苯甲酸试样,同(1)操作制成样品,并保存在干燥器中。

2. 将 KBr 参比晶片和苯甲酸标样晶片分别置于主机的参比窗口和试样窗口上。根据实验条件,将红外光谱仪按仪器操作步骤进行调节,测绘红外吸收光谱。

3. 在相同的实验条件下,测绘苯甲酸试样的红外吸收光谱。

4. 结果处理:

(1)对所测图谱进行基线校正及适当平滑处理,标出主要吸收峰的波数值,储存数据后打印图谱。

(2)用计算机进行图谱搜索,并判别各主要吸收峰的归属。

【PPT 3-3　苯甲酸红外光谱的测定和解析——压片法】

实验要点(学生记录):

思考与讨论:

测定苯甲酸的红外光谱时还可以用哪些制样方法?

3.2.3　任务三实施过程

项目 3 工作页	任务三:聚乙烯和聚苯乙烯膜红外光谱测定——薄膜法	姓名:	班级:
	学习领域:仪器分析	学号:	日期:

实验目的:

1. 掌握薄膜法,并用于聚乙烯和聚苯乙烯的红外光谱测定;
2. 利用绘制的聚苯乙烯图谱进行红外光谱的校正;
3. 学习聚乙烯和聚苯乙烯的红外图谱解析方法。

实验原理:

将固体样品制成薄膜来检测,主要用于高分子化合物的测定。聚乙烯和聚苯乙烯等高分子化合物可在软化状态下受压进行模塑加工,在冷却至软化点以下后能保持模具形状,在没有热压模具的情况下,薄膜可在金属、塑料或其他材料平板之间压制。

在红外吸收光谱法测定中,记录仪每绘制一张谱图,图纸的实际安放位置是有变化的。为了安全正确地鉴别峰的位置,需要校正仪器的波数,常用标准聚苯乙烯薄膜为校正样品。在聚苯乙烯的结构中,除了亚甲基和次甲基外,苯环上还有碳碳骨架和不饱和碳氢基团。它们构成了聚苯乙烯分子中的基本振动形式。通常采用的三个校正峰分别在 2 851 cm^{-1}、1 601 cm^{-1} 及 907 cm^{-1} 处。

主要仪器和试剂:

1. 红外光谱仪、红外灯、薄膜夹、试管、镊子、玻璃平板、聚四氟乙烯平板(长宽各 4 cm,厚 2 mm 左右)、酒精灯、不锈钢刮刀、玻璃棒、铜丝、滤纸等。
2. 四氯化碳(AR)、聚乙烯树脂、聚苯乙烯、三氯甲烷(AR)。

实验内容和步骤:

1. 将聚乙烯压制成薄膜,待冷却后,用镊子小心取下薄膜,将聚乙烯薄膜放在薄膜夹上于红外光谱仪上测绘谱图。

2. 校正波数

(1)配制浓度约为 12%的聚苯乙烯四氯化碳溶液,用胶头滴管吸取此溶液于干净的玻璃板上,立即用两端绕有细铜丝的玻璃棒将溶液推平,让其自然干燥(1~2 h):然后将玻璃板浸入水中,用镊子小心地揭下薄膜,再用滤纸吸去薄膜上的水,将薄膜置于红外灯下烘干;最后将薄膜放在薄膜夹上于红外光谱仪上测绘谱图。用三氯甲烷为溶剂,同上操作,再作谱图。

(2)结果处理。将两次扫描的聚苯乙烯薄膜的谱图与已知标准图谱对照,找出主要吸收峰的归属,同时检查 2 851 cm^{-1}、1 601 cm^{-1} 及 907 cm^{-1} 的吸收峰位置是否正确,了解仪器图纸位置是否合适。

实验要点(学生记录):

思考与讨论:

1. 聚乙烯薄膜的制取是否可采取其他方法?

2. 为什么必须将制备薄膜的溶剂和水分除去?

3.2.4　任务四实施过程

<table>
<tr><td rowspan="2">项目 3 工作页</td><td>任务四:阿司匹林红外吸收光谱的测定</td><td>姓名:</td><td>班级:</td></tr>
<tr><td>学习领域:仪器分析</td><td>学号:</td><td>日期:</td></tr>
<tr><td colspan="4">实验目的:
1. 熟悉糊状法制备阿司匹林样品;
2. 熟悉用标准图谱对比法鉴别化合物(药物)的真伪;
3. 学习阿司匹林红外图谱的解析方法。</td></tr>
<tr><td colspan="4">实验原理:
红外吸收光谱是由分子的振动——转动能级跃迁产生的光谱,化合物中每个基团都有几种振动形式,在中红外区相应产生几个吸收峰,因而特征性强。
本实验选择糊状法制备样品,绘制红外谱图,然后进行光谱解析,与现行《中国药典》中标准谱图进行对照。</td></tr>
<tr><td colspan="4">主要仪器和试剂:
1. 红外光谱仪、玛瑙研钵、红外灯、不锈钢勺。
2. 液体石蜡、KBr、阿司匹林样品(纯度大于 98%)。</td></tr>
<tr><td colspan="4">实验内容和步骤:
1. 将糊状法制备的样品拿出,取出样品架和 KBr 盐片,将研磨好的样品用不锈钢勺刮到盐片上,涂匀后压上另一盐片,装入样品架下面板,位置调整适当后,插入上面板,将样品架的对角用螺丝旋紧固定,然后插入检测池测定红外光谱图。
2. 测定样品的谱图。以空白 KBr 片作背景扫描,在 4 000~400 cm^{-1} 范围内进行扫描。
3. 分析图谱。</td></tr>
<tr><td colspan="4">实验要点(学生记录):</td></tr>
</table>

思考与讨论：

阿司匹林的红外光谱特征吸收峰有哪些？其位置、形状和相对强度如何？

3.2.5 任务五实施过程

项目3工作页	任务五:乙醇的红外光谱法测定	姓名:	班级:
	学习领域:仪器分析	学号:	日期:

实验目的:

1. 掌握液体样品的制备;
2. 掌握液体样品红外光谱仪测定的基本操作步骤;
3. 学习乙醇的红外图谱的解析方法。

实验原理:

利用红外光谱仪采集可以吸收红外光样品的干涉图,经傅里叶变换得到样品光谱,扣除背景光谱后即可得到携带有样品信息的红外光谱图。红外光谱图中的吸收谱带对应着分析物中特定的官能团信息,据此可以推测样品中含有的化合物分子结构特征。本实验测定的乙醇为液体,在分析方法上与固体样品有所不同。对于乙醇可以采用液体池法和液膜法。

主要仪器和试剂:

1. 红外光谱仪、密封液体池、KBr 窗片、滴管、注射器等。
2. 无水乙醇。

实验内容和步骤:

1. 液体池法

用液体池法制备好样品后,将液体池置于样品架上采集样品光谱。

2. 液膜法

用液膜法制备好样品后,将夹有液膜的盐片装入可拆式液体样品测试架中即可,采集样品光谱。

3. 图谱解析

乙醇的主要红外吸收特征谱带有:3 300 cm^{-1} 处的 O—H 伸缩振动,2 900 cm^{-1} 处的饱和 C—H 伸缩振动,1 460 cm^{-1} 和 1 370 cm^{-1} 附近的 C—H 弯曲振动与 O—H 面内弯曲振动发生偶合而分裂的两个谱带,1 000 cm^{-1} 附近的 C—O 伸缩振动,650 cm^{-1} 附近的 O—H 面外弯曲振动。

实验要点(学生记录):

思考与讨论：

1. 测定液体红外光谱图的基本步骤如何？

2. 红外光谱液体样品的测定有哪些要求？

3.3　任务实施过程考核

3.3.1　任务一实施过程考核

<table>
<tr><td rowspan="2">项目 3 工作页</td><td>任务一:样品的制备(固体样品的制备)</td><td>姓名:</td><td>班级:</td></tr>
<tr><td>实施过程考核</td><td>学号:</td><td>日期:</td></tr>
<tr><td colspan="4">主要仪器和试剂:</td></tr>
<tr><td colspan="4">请画出实验步骤的操作流程图:</td></tr>
</table>

实验结果：

思考与讨论：

表现评价

评价指标		评价主体		
一级指标	二级指标	学生自评	同学评价	教师评价
知识目标	能掌握实验的基本原理			
	能掌握固体样品制备的方法			
	能掌握压片机的正确使用方法			
能力目标	能说出实验的基本原理			
	能正确用压片机进行压片			
素质目标	学业管理能力（按时上课，按时完成作业）			
	学业毅力（能意识到困难并克服，能在一定时间内聚焦研究的问题）			
	合作技能（能与同学互帮互助）			
	自我效能（具有完成任务的自信心、成就感及在小组中的归属感）			
	操作态度（严谨、细致）			

3.3.2　任务二实施过程考核

<table>
<tr><td rowspan="2">项目 3 工作页</td><td>任务二:苯甲酸红外光谱的测定和解析——压片法</td><td>姓名:</td><td>班级:</td></tr>
<tr><td>实施过程考核</td><td>学号:</td><td>日期:</td></tr>
<tr><td colspan="4">主要仪器和试剂:</td></tr>
<tr><td colspan="4">请画出实验步骤的操作流程图:</td></tr>
</table>

实验图谱及结晶：

思考与讨论：

表现评价

评价指标		评价主体		
一级指标	二级指标	学生自评	同学评价	教师评价
知识目标	能掌握实验的基本原理			
	能正确解析苯甲酸红外谱图			
能力目标	能说出实验的基本原理			
	能正确用压片法测定苯甲酸			
素质目标	学业管理能力（按时上课，按时完成作业）			
	学业毅力（能意识到困难并克服，能在一定时间内聚焦研究的问题）			
	合作技能（能与同学互帮互助）			
	自我效能（具有完成任务的自信心、成就感及在小组中的归属感）			
	操作态度（严谨、细致）			

3.3.3　任务三实施过程考核

<table>
<tr><td rowspan="2">项目 3 工作页</td><td>任务三:聚乙烯和聚苯乙烯膜
红外光谱的测定——薄膜法</td><td>姓名:</td><td>班级:</td></tr>
<tr><td>实施过程考核</td><td>学号:</td><td>日期:</td></tr>
<tr><td colspan="4">主要仪器和试剂:</td></tr>
<tr><td colspan="4">请画出实验步骤的操作流程图:</td></tr>
</table>

实验图谱及结果：

思考与讨论：

表现评价

评价指标		评价主体		
一级指标	二级指标	学生自评	同学评价	教师评价
知识目标	能掌握实验的基本原理			
	能掌握测定的方法			
能力目标	能说出实验的基本原理			
	能正确校准波数			
素质目标	学业管理能力（按时上课，按时完成作业）			
	学业毅力（能意识到困难并克服，能在一定时间内聚焦研究的问题）			
	合作技能（能与同学互帮互助）			
	自我效能（具有完成任务的自信心、成就感及在小组中的归属感）			
	操作态度（严谨、细致）			

3.3.4　任务四实施过程考核

<table>
<tr><td rowspan="2">项目 3 工作页</td><td>任务四:阿司匹林红外吸收光谱的测定</td><td>姓名:</td><td>班级:</td></tr>
<tr><td>实施过程考核</td><td>学号:</td><td>日期:</td></tr>
<tr><td colspan="4">主要仪器和试剂:</td></tr>
<tr><td colspan="4">请画出实验步骤的操作流程图:</td></tr>
</table>

实验图谱及结果：

思考与讨论：

表现评价

评价指标		评价主体		
一级指标	二级指标	学生自评	同学评价	教师评价
知识目标	能掌握红外光谱法测定阿司匹林的原理和方法			
	能正确解析阿司匹林的红外谱图			
能力目标	能说出实验的基本原理			
	能正确查阅《中华人民共和国药典》			
素质目标	学业管理能力(按时上课,按时完成作业)			
	学业毅力(能意识到困难并克服,能在一定时间内聚焦研究的问题)			
	合作技能(能与同学互帮互助)			
	自我效能(具有完成任务的自信心、成就感及在小组中的归属感)			
	操作态度(严谨、细致)			

3.3.5　任务五实施过程考核

项目3工作页	任务五:乙醇的红外光谱法测定	姓名:	班级:
	实施过程考核	学号:	日期:
主要仪器和试剂:			
请画出实验步骤的操作流程图:			

实验图谱及结果：

思考与讨论：

表现评价

评价指标		评价主体		
一级指标	二级指标	学生自评	同学评价	教师评价
知识目标	能掌握实验的原理和方法			
	能掌握用吸收系数法测定注射液含量的方法			
	能正确解析乙醇的红外谱图			
能力目标	能说出实验的基本原理			
	能正确操作实验			
素质目标	学业管理能力(按时上课,按时完成作业)			
	学业毅力(能意识到困难并克服,能在一定时间内聚焦研究的问题)			
	合作技能(能与同学互帮互助)			
	自我效能(具有完成任务的自信心、成就感及在小组中的归属感)			
	操作态度(严谨、细致)			

项目 4　原子吸收光谱法

4.1　项目介绍

原子吸收光谱法(AAS)又称原子吸收分光光度法,是基于从光源发出的被测元素特征辐射通过元素的原子蒸气时,被其基态原子吸收,由辐射的减弱程度测定元素含量的一种现代仪器分析方法。它是当代对无机化合物进行元素定量分析的主要手段。

原子吸收光谱是基态原子吸收共振辐射跃迁到激发态而产生的吸收光谱,是一个受激吸收跃迁的过程。当有辐射通过自由原子蒸气,且入射辐射的频率等于原子中外层电子由基态跃迁到较高能态所需能量的频率时,原子就要从辐射场中吸收能量,产生共振吸收。由于原子能级是量子化的,而且各元素的原子结构和外层电子的排布不同,因而各元素的共振吸收线具有不同的特征。原子吸收光谱就是利用原子对辐射的选择性吸收对元素进行定量分析的方法。

如图 4-1 所示为原子吸收光谱仪。

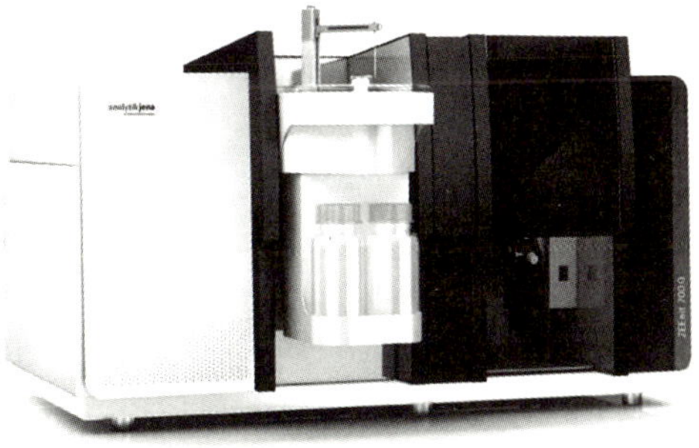

图 4-1　原子吸收光谱仪

4.1.1　项目目标

知识目标:

1. 掌握原子吸收光谱法测定的基本原理及应用;
2. 熟悉原子吸收光谱仪的结构;
3. 了解原子吸收光谱仪的维护和保养等相关知识。

能力目标:

1. 能熟练地操作原子吸收光谱仪;

2. 能应用原子吸收光谱法进行样品的定量分析。

素质目标：

1. 具有不畏困难，坚持不懈的探索精神；
2. 具有积极寻求有效的问题解决方法的能力和韧性；
3. 具有良好的团队合作精神。

4.1.2　项目资讯

1. 原子吸收光谱仪的结构是怎样的？
2. 原子吸收光谱仪如何操作？

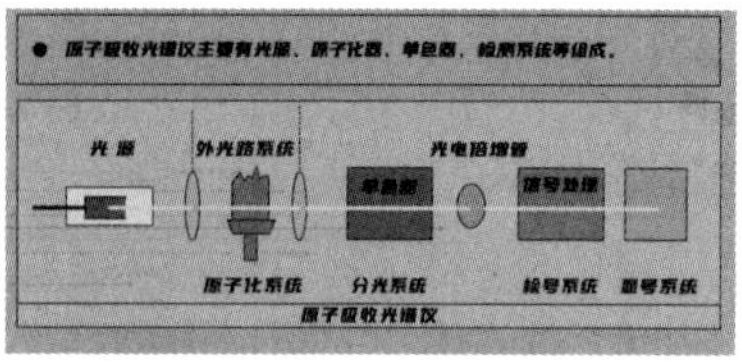

【动画 4-1　原子吸收光谱仪的结构】

【视频 4-1　原子吸收光谱仪的操作】

【PPT 4-1　原子吸收光谱仪的操作】

3. 原子吸收光谱仪的维护和保养

(1)对仪器工作环境的要求

①原子吸收光谱仪应安装在稳固的工作台上(避免剧烈的振动或持续性振动)。

②仪器的工作环境温度最好在 5~35 ℃，应避免强光直射；室内相对湿度不大于 85%。

③室内照明不宜太强，且应避免直射日光的照射。

④在原子吸收燃烧器上方应安装排风装置。

(2)仪器保养和维护方法

①开机前，检查各插头是否接触良好，调好狭缝位置，开机应先开低压，后开高压，关机则相反。

②空心阴极灯需要一定的预热时间，灯电流由低到高慢慢升到规定值，防止突然升高，造成阴极喷射。有些低熔点元素灯如 Sn、Pb 等，使用时防止震动，工作后轻轻取下，阴极向上放置，待冷却后再移动装盒，装卸灯轻拿轻放。窗口如有污物，用无水乙醇或擦镜纸轻轻擦拭。

③原子化器是仪器的核心部分之一，直接影响仪器分析测定的灵敏度和检出限。

a. 定期检查石墨管(石墨炉原子化器)是否破损、使用次数是否过多需要更换。

b. 定期清洗和更换雾化器。

c. 测定溶液时应经过过滤或者彻底清洗，防止堵塞雾化器。

d. 燃烧器缝口积存盐类，会使火焰分叉，影响测定结果，必要时可用纯水清洗。

④单色器内的光栅和反射镜多为表面有镀层的器件，受潮容易霉变，故应保持单色器的密封和干燥。

⑤定期检查供气管路是否漏气，检查时可在可疑处涂一些肥皂水，看是否有气泡产生，千万不能用明火检查漏气。

⑥仪器液晶显示屏要防划伤、放水、防尘、防腐蚀，使用完毕后盖上防尘罩。

⑦定期进行性能指标检测,发现问题及时处理。

4.1.3　项目资讯实施过程考核

<table>
<tr><td rowspan="2">项目 4 工作页</td><td>项目资讯任务(原子吸收光谱法)</td><td>姓名:</td><td>班级:</td></tr>
<tr><td>实施过程考核</td><td>学号:</td><td>日期:</td></tr>
<tr><td colspan="4">请写出原子吸收光谱结构中的主要零部件名称:</td></tr>
<tr><td colspan="4">请画出可见原子吸收光谱仪的工作结构简图:</td></tr>
<tr><td colspan="4">表现评价</td></tr>
</table>

<table>
<tr><th colspan="2">评价指标</th><th colspan="3">评价主体</th></tr>
<tr><th>一级指标</th><th>二级指标</th><th>学生自评</th><th>同学评价</th><th>教师评价</th></tr>
<tr><td rowspan="4">知识目标</td><td>能掌握实验的基本原理</td><td></td><td></td><td></td></tr>
<tr><td>能掌握原子吸收光谱仪的工作结构</td><td></td><td></td><td></td></tr>
<tr><td>能掌握原子吸收光谱的操作步骤</td><td></td><td></td><td></td></tr>
<tr><td>了解原子吸收光谱的维护和保养知识</td><td></td><td></td><td></td></tr>
<tr><td rowspan="3">能力目标</td><td>能说出实验的基本原理</td><td></td><td></td><td></td></tr>
<tr><td>能写出原子吸收光谱仪结构中的主要零部件名称</td><td></td><td></td><td></td></tr>
<tr><td>能简要画出原子吸收光谱仪的工作结构</td><td></td><td></td><td></td></tr>
<tr><td rowspan="4">素质目标</td><td>学业管理能力(按时上课,按时完成作业)</td><td></td><td></td><td></td></tr>
<tr><td>学业毅力(能意识到困难并克服,
能在一定时间内聚焦研究的问题)</td><td></td><td></td><td></td></tr>
<tr><td>合作技能(能与同学互帮互助)</td><td></td><td></td><td></td></tr>
<tr><td>自我效能(具有完成任务的自信心、
成就感及在小组中的归属感)</td><td></td><td></td><td></td></tr>
</table>

4.2 任务介绍及实施过程

任务一:原子吸收光谱法测定钙的最佳实验条件的选择

任务二:火焰原子吸收光谱仪测定水中铜含量

任务三:火焰原子吸收光谱法测定人发中微量锌含量

任务四:火焰原子吸收光谱仪测定营养成分钠含量

任务五:石墨炉原子吸收光谱法测定水中镉含量

4.2.1　任务一实施过程

项目4工作页	任务一:原子吸收光谱法测定钙的最佳实验条件的选择	姓名:	班级:
	学习领域:仪器分析	学号:	日期:

实验目的:

1. 学习原子吸收光谱法测定最佳实验条件的选择方法;
2. 掌握火焰原子吸收光谱仪的使用方法。

实验原理:

在原子吸收测定中,实验条件的选择直接影响测定的灵敏度、准确度、精密度和方法的选择性。本实验通过对一系列实验条件(包括燃气的流量比、灯电流、单色器通带宽度以及燃烧器高度和位置)等的选择和优化,选定测定钙的最佳实验条件。

1. 燃气、助燃气的流量比:燃助比不同,火焰的温度和性质不同,因而元素的原子化程度不同。通常通过固定空气流量,改变燃气流量来改变燃助比。在不同燃助比时测定吸光度,吸光度最大的燃助比为最佳燃助比。

2. 灯电流:灯电流的选择要从灵敏度和稳定性两方面来考虑。灯电流过大,易产生自吸作用,多普勒效应增强,谱线变宽,测定灵敏度降低,工作曲线弯曲,灯的寿命减小。灯电流低,谱线变宽小,测定灵敏度高,但是灯电流过低,发光强度减弱,阴极发光不稳定,因而谱线信噪比降低。一般的原则是在保证稳定和适当的光强输出的情况下,尽可能选择较低的灯电流。

3. 单色器通带宽度:通带宽度的选择以能将吸收线和邻近线分开为原则。通带较窄,灵敏度较高,但噪声较大,信噪比不一定高。对许多元素来说,为了得到最大信噪比、较高的灵敏度以及较宽的校正曲线,要求有0.2 nm通带宽度。

4. 燃烧器高度:火焰的部位不同,其温度和还原气氛不同,因而被测元素基态原子的浓度随火焰高度的不同而不同。在实验中通过改变燃烧器高度并测定吸光度,以吸光度最大时的燃烧器高度为最佳燃烧器高度。

主要仪器和试剂:

1. 原子吸收光谱仪(火焰原子化)。
2. 钙元素空心阴极灯。
3. 5 mL移液管。

实验内容和步骤:

1. 钙标准溶液配制(5 μg/mL)

取0.5 mL 1 mg/mL的钙标准溶液于100 mL容量瓶中,用高纯水稀释至刻度,摇匀。

2. 打开排风装置电源开关

3. 开机操作

4. 最佳实验条件的选择

(1)燃助比及燃烧器高度的选择

固定空气流量为 8 L/min,燃烧器高度为 6 mm, 改变乙炔流量为 1 200 mL/min、1 500 mL/min、1 800 mL/min、2 000 mL/min,记录钙标准溶液的吸光度,吸光度最大时对应的燃助比即为最佳燃助比。在保证乙炔流量为最佳流量的条件下,改变燃烧器的高度分别为 2 mm、4 mm、6 mm、8mm,记录钙标准溶液的吸光度,吸光度最大时对应的燃烧器高度即为最佳高度。

(2) 灯电流的选择

在最佳燃助比及燃烧器高度条件下,分别在灯电流为 2 mA、4 mA、6 mA、8 mA 时,喷雾钙标准溶液,测量吸光度,注意观察不同灯电流的稳定性。读数稳定且大的吸光度所对应的灯电流即为最佳灯电流。

(3)狭缝宽度的选择

在上述已选定的最佳条件下,将狭缝宽度分别置于 0. 4 nm、1. 0 nm、2. 0 nm;测量吸光度。选择不引起吸光度减小的最大狭缝为最佳狭缝宽度。

5. 实验结束工作

实验要点(学生记录):

思考与讨论:

如何选择最佳实验条件? 实验时,若条件发生变化,对结果会有什么影响?

4.2.2　任务二实施过程

项目 4 工作页	任务二：火焰原子吸收光谱仪测定水中铜含量	姓名：	班级：
	学习领域：仪器分析	学号：	日期：

实验目的：

1. 掌握火焰原子吸收分光光度计的仪器操作方法；
2. 了解生活饮用水常规项目中铜金属含量的测定方法。

实验原理：

铜对人体来说是必须的微量元素，成人每天需铜量约为 2 mg。铜对于人的健康有益，譬如在骨折时，食入一定量的铜，可以促进骨骼恢复。而环境中的铜却不一样，其在环境中如果超过 0.5 mol/L，当 pH 值大于 7 时会发生自然沉淀，在泥中富集很多氢氧化铜或铜的氧化物，在酸雨条件下容易释放出大量的铜，发生饮用水安全问题。《生活饮用水卫生标准》(GB 5749—2022) 中规定，生活饮用水中铜含量不得超过 1 mg/L。随着原子吸收光度计的普遍使用，用火焰原子吸收光谱法测定水中铜含量的应用越来越广泛。

参考《生活饮用水卫生标准》(BG 5749—2022) 指定检验方法，根据《生活饮用水标准检验方法 第 6 部分：金属和类金属指标》(GB 5750.6—2023) 采用直接法测定。水样中金属离子经过原子化后吸收铜元素发出的共振线，吸收的共振线与样品中铜的含量成正比，在其他条件不变的情况下，将测量吸收后的谱线强度与标准曲线进行比较即可定量。

主要仪器和试剂：

1. 仪器

(1) 火焰原子吸收光谱仪(岛津 AA-7000)；

(2) 铜空心阴极灯。

2. 试剂

(1) 硝酸溶液(5+95)：量取 50 mL 硝酸，缓慢加入 950 mL 水中，混匀；

(2) 铜金属标准储备液(1 000 mg/L)。

实验内容和步骤：

1. 标准溶液的配制

(1) 铜标准中间液(1.00 mg/L)：准确吸取铜标准储备液(1000 mg/L) 1.00 mL 于 1000 mL 容量瓶中，加硝酸溶液(5+95)至刻度，混匀。

(2) 铜标准系列溶液：于 6 个 50 mL 容量瓶中，依次加入 0 mL、0.50 mL、1.00 mL、2.00 mL、4.00 mL、8.00 mL 铜标准中间液(1.00 mg/L)，用硝酸溶液(5+95)定容至刻度，摇匀。此标准系列溶液的铜浓度依次为 0 μg/mL、5.0 μg/mL、10.0 μg/mL、20.0 μg/mL、40.0 μg/mL、80.0 μg/mL。

2. 取样

充分混匀水样(若水样浑浊，需用滤纸过滤)。取一定量水样于比色管中待测。

3. 测定

以铜空心阴极灯为灯源，在测定条件（波长：324.8 nm；狭缝：0.5 nm；灯电流 8～12 mA；燃烧头高度：6 mm；空气流量：9 L/min；乙炔流量：2 L/min）下以蒸馏水或 0.5 mol/L 硝酸溶液为空白样校零，再依次由稀到浓测定所配制的铜系列标准溶液及生活饮用水的吸光度值（测完标准溶液最高浓度之后，一定要用蒸馏水或硝酸溶液（5+95）校零）。

4. 绘制标准曲线及计算

以吸光度为纵坐标，质量浓度为横坐标，利用计算机绘制标准曲线，做出回归方程，并计算相关系数。

5. 结果计算

根据计算公式得出生活饮用水中铜含量，根据国家相关标准进行判定（可参考 GB 5749—2022）。

$$X=\frac{(\rho-\rho_0)}{1\ 000}$$

式中　X——试样中铜的含量，mg/L；

ρ——试样溶液中铜的质量浓度，μg/L；

ρ_0——空白溶液中铜的质量浓度，μg/L；

1 000——换算系数。

实验要点（学生记录）：

思考与讨论：

1. 标准溶液系列配制的准确性对实验结果有无影响？

2. 简述火焰原子吸收光谱法的基本原理。

4.2.3　任务三实施过程

<table>
<tr><td rowspan="2">项目 4 工作页</td><td>任务三:火焰原子吸收光谱法
测定人发中微量锌含量</td><td>姓名:</td><td>班级:</td></tr>
<tr><td>学习领域:仪器分析</td><td>学号:</td><td>日期:</td></tr>
<tr><td colspan="4">实验目的:
1. 掌握火焰原子吸收光谱法测定人发中微量锌的基本原理和操作方法;
2. 熟悉发样的预处理方法。</td></tr>
<tr><td colspan="4">实验原理:
人发中微量元素的含量可以反映人体的生理状况以及所处环境对人体生命活动的影响,正常人发中的锌含量为 100~400 mg/kg。
原子吸收光谱法是基于锐线光源辐射出待测元素的特征谱线通过样品的原子蒸气时,蒸气中待测元素的基态原子吸收该谱线,其吸光度与基态原子浓度成正比,而基态原子浓度又与样品溶液浓度成正比,故吸光度 A 与溶液浓度 c 成正比,符合朗伯-比尔定律。人发处理成溶液后,溶液对锌特征谱线下的吸光度与其中锌含量呈线性关系,可用标准曲线法测定人发中的锌含量。</td></tr>
<tr><td colspan="4">主要仪器和试剂
1. 原子吸收光谱仪、锌空心阴极灯、烘箱。
2. 锌标准储备液(1 000 μg/mL):称取 0.100 0 g 金属锌于烧杯中,用少量盐酸(1+1)溶解(必要时可加热),完全溶解后,定量转移到 100 mL 容量瓶中,2%盐酸定容,摇匀。
3. 锌标准使用液(10 μg/mL):取 1.00 mL 锌标准储备液于 100 mL 容量瓶中,用 2% 盐酸定容,摇匀。</td></tr>
<tr><td colspan="4">实验内容和步骤
1. 样品采集与处理
用不锈钢剪刀剪去受检者后枕部距头皮 1~3 cm 的头发约 0.3 g,放入 50 mL 烧杯中,加入约 30 mL 50~60 ℃ 5%中性洗涤剂溶液浸洗 30 min,并不断搅拌,然后用蒸馏水冲洗多次,直至无洗涤剂残留,沥干后置于烘箱中,105 ℃条件下干燥 30 min,取出后剪成 3~5 mm 备用。
称取发样约 50 mg 于坩埚中,置于马弗炉中于 540~560 ℃灰化 5 h,至样品全部变成白色或灰白色残渣。取出放冷,准确移取 10.00 mL 2%盐酸溶解残渣,待测。
2. 配制标准系列溶液
分别取锌标准使用液 0.00 mL、0.50 mL、1.00 mL、2.00 mL、3.00 mL、4.00 mL 于 25 mL 容量瓶中,用 2%盐酸定容,摇匀。
3. 仪器调试和操作条件
按说明书调节仪器于操作条件下(火焰原子吸收光谱法测定锌操作条件见下表),预热 20~30 min。

<table>
<tr><td>元素</td><td>波长/nm</td><td>光谱通带/nm</td><td>灯电流/mA</td><td>乙炔流量/(L · min^{-1})</td><td>空气流量/(L · min^{-1})</td></tr>
<tr><td>Zn</td><td>213.9</td><td>0.5</td><td>3.0</td><td>1.2</td><td>6.0</td></tr>
</table>
</td></tr>
</table>

4. 样品测定

(1)标准曲线的绘制

在操作条件下,用 2 cm 吸收池,以空白试剂为参比溶液,测定各标准溶液的吸光度。绘制出标准曲线。

(2)样品测定

在测定标准溶液的实验条件下,测定空白试剂和试样溶液的吸光度,用标准曲线法定量。按下式计算分析结果:

$$\omega=\frac{(c-c_0)\times f\times V}{m}\times10^{-6}$$

式中 ω——人头发中的锌含量;

V——试样溶液的体积,mL;

f——试样溶液的稀释倍数;

c——试样溶液中锌的浓度,μg/mL;

c_0——空白试样中锌的浓度,μg/mL;

m——称取发样的质量,g。

实验要点(学生记录):

思考与讨论:

如果测定的吸光度值不够理想,可以通过调整仪器的哪些测定条件加以改善?

4.2.4　任务四实施过程

<table>
<tr><td rowspan="2">项目4工作页</td><td>任务四：火焰原子吸收光谱仪测定营养成分钠含量</td><td>姓名：</td><td>班级：</td></tr>
<tr><td>学习领域：仪器分析</td><td>学号：</td><td>日期：</td></tr>
<tr><td colspan="4">实验目的：
1. 掌握火焰原子吸收光谱仪的操作方法；
2. 了解测定样品时前处理的方法及方法的选择。</td></tr>
<tr><td colspan="4">实验原理：
随着人们对食品安全和营养均衡需求的日益增长，钠作为人体必需的营养元素和建立正常功能的必要组成成分，摄入量太高会引发心脑血管的严重疾病，因此，准确地检测钠含量变得不可或缺。钠在液体中以离子的形式存在，能完全电离。火焰原子吸收具有操作简便，重现性好，对大多数金属元素具有较高灵敏度，因此应用广泛。
用火焰原子吸收光谱仪测定食品中钠含量时，均需对样品进行前处理，前处理的好坏直接关系结果的好坏。样品前处理指样品的制备和对样品采用合适的方法分解和溶解，以及对待测组分进行提取、净化、浓缩的过程，使被测组分转变成可测定的形式以进行定量、定性分析。若选择的前处理手段不当，常常使某些组分损失，干扰组分的影响不能完全除去或引入杂质。样品前处理的目的是消除基体干扰，提高方法的准确度、精密度、选择性和灵敏度。因此，样品前处理是分析检测过程的关键环节。测定各类样品中的金属元素，一般均需首先破坏样品中的有机物质。选用何种方法，在某种程度上取决于所分析元素和被测样品。</td></tr>
<tr><td colspan="4">主要仪器和试剂：
火焰原子吸收光谱仪（配钠空心阴极灯）、分析天平、锥形瓶、微波消解仪（配聚四氟乙烯消解内罐）、赶酸仪、可调式电热炉、GR 硝酸、GR 高氯酸、钠质控样。</td></tr>
<tr><td colspan="4">实验内容和步骤：
1. 样品预处理（采用同一样品不同前处理方式）
（1）微波消解；
（2）湿法消解。
2. 标准溶液的配制
3. 标准曲线的绘制
4. 样品的测定
5. 实验结束工作
6. 计算
按下式计算分析结果：
$$X=\frac{(c-c_0)\times V\times f\times 100}{m\times 1\ 000}$$
式中　X——试样元素含量，mg/100 g；
V——定容体积，mL；
c——测定用试样中元素的浓度，mg/L；</td></tr>
</table>

c_0——测定空白试样中元素的浓度,mg/L;

m——称取质量,g;

100/1 000——换算系数;

f——稀释倍数。

5. 判定

选用两种不同前处理方法,根据上机的结果与质控样品结果判断哪种前处理消解出来的结果更接近准确值。

【视频 4-2　火焰原子吸收光谱仪测定食品中钠时样品的前处理】

【PPT 4- 2 火焰原子吸收光谱仪测定食品中钠时样品的前处理】

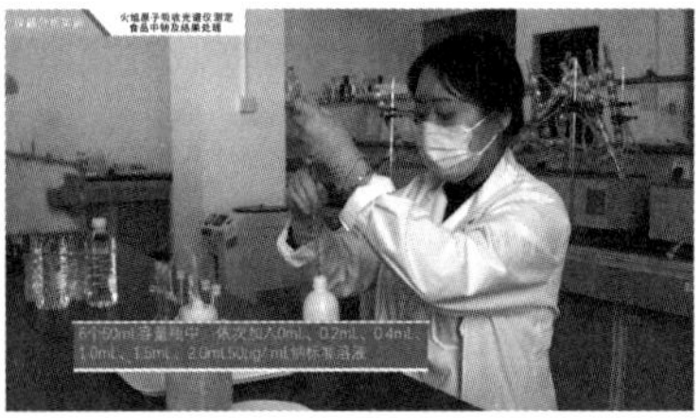

【视频 4-3　火焰原子吸收光谱仪测定食品中钠及结果处理】

【PPT 4- 3 火焰原子吸收光谱仪测定食品中钠及结果处理】

实验要点(学生记录):

思考与讨论:

1. 赶酸过程中白雾没有排净,是否需要加水继续赶酸?

2. 微波消解和湿法消解的优缺点是什么?

4.2.5 任务五实施过程

<table>
<tr><td rowspan="2">项目4工作页</td><td>任务五:石墨炉原子吸收光谱法测定水中镉含量</td><td>姓名:</td><td>班级:</td></tr>
<tr><td>学习领域:仪器分析</td><td>学号:</td><td>日期:</td></tr>
<tr><td colspan="4">实验目的:
1. 了解石墨炉原子吸收光谱法的原理和特点;
2. 掌握石墨炉原子吸收光谱法测定水中痕量金属元素的分析过程和特点;
3. 熟悉加标回收和精密度的计算方法。</td></tr>
<tr><td colspan="4">实验原理:
1. 镉(Cd)
镉是环境监测中经常测定的毒性元素之一。由于水中镉的含量较低,通常采用石墨炉原子吸收光谱法进行测定,石墨炉原子吸收光谱法分析的绝对灵敏度可达 1×10^{-9} g。
本次实验采用标准曲线法测定自来水中的痕量镉。
2. 加标回收实验
分析方法的准确性是指在一定实验条件下多次测定的平均值与真实值的接近程度。准确度取决于系统误差的大小。在实际工作中,通常可采用多种实验来检验分析方法是否存在系统误差。此处采用加标回收实验来反应系统误差的大小。回收率越接近 100%,表明分析方法的准确度越高,系统误差越小,反之则越大。
3. 精密度
规定条件下,多次独立测试结果间的一致程度即为精密度,一般采用测定有证标准样品进行评估验证。精密度就是一组平行测定的数据相互接近的程度,体现了测定过程中随机误差的大小,常用标准偏差或相对标准偏差(变异系数)来表示。一个好的分析方法首先要精密度高,才能保证有准确的分析结果。当然,测量的精密度高,准确度也不一定高。精密度与待测组分的浓度有关,因此,在测定分析方法的精密度时,应该采用不同浓度水平的试样,并在报告上注明其浓度。</td></tr>
<tr><td colspan="4">主要仪器和试剂
1. 石墨炉原子吸收光谱仪。
2. 镉空心阴极灯。
3. 高纯氩气。
4. 石墨炉进样针。
5. 磷酸二氢铵(120 g/L):称取 12 g 磷酸二氢铵,用水溶解并定容至 100 mL,摇匀。
6. 硝酸镁(50 g/L):称取 5 g 硝酸镁,用水溶解并定容至 100 mL。
7. 硝酸溶液(1+99):取 10 mL 硝酸,缓慢加入 990 mL 水中,混匀。
8. 高纯水。</td></tr>
<tr><td colspan="4">实验内容和步骤:
1. 标准系列溶液的配制
于 6 个 50 mL 容量瓶中,依次加入 0 mL、0.20 mL、0.50 mL、0.75 mL、1.00 mL、1.50 mL 100 μg/L 镉标准溶液,用硝酸溶液(1+99)定容,摇匀。此标准系列溶液的镉浓度依次为 0 μg/L、0.40 μg/L、1.0 μg/L、1.5 μg/L、2.0 μg/L、3.0 μg/L。</td></tr>
</table>

2. 标准曲线的绘制

将铬标准溶液按浓度由低到高的顺序分别取 20 μL(可根据使用仪器选择最佳进样量),防止其他金属离子的干扰,应注入 5 μL(可根据使用仪器选择最佳进样量)磷酸二氢铵溶液(20 g/L)。标准溶液注入石墨管,原子化后测定其吸收值,以浓度为横坐标,吸收值为纵坐标,绘制标准曲线。

3. 水样的配制

取 10 mL 水样,加 1.0 mL 磷酸二氢铵溶液(120 g/L),0.1 mL 硝酸镁溶液(50 g/L),同时取 10 mL 硝酸溶液(1+99),加入 1.0 mL 磷酸二氢铵溶液,0.1 mL 硝酸镁溶液作为空白对照(按相关标准进行计算如下)。

$$X=\frac{(\rho-\rho_0)\times V_1}{V}$$

式中 X——试样中镉的含量,μg/L;

ρ——试样溶液中镉的质量浓度,μg/L;

ρ_0——空白溶液中镉的质量浓度,μg/L;

V_1——稀释后的体积,mL;

V——原水样体积,mL。

4. 加标回收

量取四组相同水样,其中两份加入标准溶液,进行前处理,再进行检测,测得镉的回收率,计算公式如下:

$$回收率=\frac{加标样品测定结果平均值-未加标样品测定结果平均值}{加标量}\times 100\%$$

要求回收率在 80%~110%。

5. 精密度

实验人员采用低、中、高三种不同含量的同一样品,按照样品处理程序,每个样品平行测定 6 次,分别计算不同浓度或含量的平均值、标准偏差、相对标准偏差等参数,测定结果的绝对差值不得超过算术平均值的 10%。

实验要点(学生记录):

思考与讨论：

1. 试述石墨炉原子吸收光谱仪灵敏度高的原因。

2. 测定完最后一个高浓度的标准品或者样品浓度过高时，在测定下一个样品之前，需要空烧1~2次石墨管的原因是什么？

3. 加标回收和精密度在实验中的作用？

4.3 任务实施过程考核

4.3.1 任务一实施过程考核

<table>
<tr><td rowspan="2">项目 4 工作页</td><td>任务一:原子吸收光谱法测定钙的最佳实验条件的选择</td><td>姓名:</td><td>班级:</td></tr>
<tr><td>实施过程考核</td><td>学号:</td><td>日期:</td></tr>
<tr><td colspan="4">主要仪器和试剂:</td></tr>
<tr><td colspan="4">请画出实验步骤的操作流程图:</td></tr>
</table>

数据记录及处理：

1. 绘制不同乙炔流量时吸光度-燃气流量曲线，曲线上最大吸光度所对应的燃气流量及燃助比即为最佳条件。

燃气流量/(mL · min^{-1})	吸光度 A			A 的平均值	RSD
1 200					
1 500					
1 800					
2 000					

2. 绘制吸光度-灯电流曲线，读数稳定且大的吸光度所对应的灯电流即为最佳灯电流。

灯电流/mA	吸光度 A			A 的平均值	RSD
2					
4					
6					
8					

3. 绘制不同狭缝宽度时吸光度-狭缝宽度曲线，曲线上最大吸光度所对应的狭缝宽度即为最佳狭缝宽度。

狭缝宽度/nm	吸光度 A			A 的平均值	RSD
0.4					
1					
2					

4. 绘制不同狭缝宽度时吸光度-燃烧器高度曲线，曲线上最大吸光度所对应的燃烧器高度即为最佳燃烧器高度。

燃烧器高度/mm	吸光度 A			A 的平均值	RSD
2					
4					
6					
8					

思考与讨论：

表现评价

评价指标		评价主体		
一级指标	二级指标	学生自评	同学评价	教师评价
知识目标	能掌握仪器开关机步骤			
	能掌握原子吸收光谱法最佳实验条件选择的方法			
能力目标	能说出实验的基本原理			
	能正确操作火焰原子吸收光谱仪			
素质目标	学业管理能力(按时上课,按时完成作业)			
	学业毅力(能意识到困难并克服,能在一定时间内聚焦研究的问题)			
	合作技能(能与同学互帮互助)			
	自我效能(具有完成任务的自信心、成就感及在小组中的归属感)			
	操作态度(严谨、细致)			

4.3.2　任务二实施过程考核

<table>
<tr><td rowspan="2">项目4工作页</td><td>任务二：火焰原子吸收光谱仪测定水中铜含量</td><td>姓名：</td><td>班级：</td></tr>
<tr><td>实施过程考核</td><td>学号：</td><td>日期：</td></tr>
<tr><td colspan="4">主要仪器和试剂：</td></tr>
<tr><td colspan="4">请画出实验步骤的操作流程图：</td></tr>
<tr><td colspan="4">数据记录及处理：</td></tr>
</table>

1. 标准溶液的配制

标准浓度点/($\mu g \cdot mL^{-1}$)					
取标液体积/mL					

2. 结果计算

量取体积 V/mL	定容体积 V_1/mL	测量吸收值	测量结果 c/($mg \cdot L^{-1}$)	结果 X($mg \cdot L^{-1}$)

3. 打印标准曲线图(粘贴处)

思考与讨论：

表现评价

评价指标		评价主体		
一级指标	二级指标	学生自评	同学评价	教师评价
知识目标	能正确选择合适的仪器条件			
能力目标	能说出控制实验的主要仪器条件			
	能正确操作实验			
素质目标	学业管理能力(按时上课,按时完成作业)			
	学业毅力(能意识到困难并克服,能在一定时间内聚焦研究的问题)			
	合作技能(能与同学互帮互助)			
	自我效能(具有完成任务的自信心、成就感及在小组中的归属感)			
	操作态度(严谨、细致)			

4.3.3 任务三实施过程考核

<table>
<tr><td rowspan="2">项目 4 工作页</td><td>任务三:火焰原子吸收光谱法
测定人发中微量锌含量</td><td>姓名:</td><td>班级:</td></tr>
<tr><td>实施过程考核</td><td>学号:</td><td>日期:</td></tr>
<tr><td colspan="4">主要仪器和试剂:</td></tr>
<tr><td colspan="4">请画出实验步骤的操作流程图:</td></tr>
</table>

数据记录及处理:

1. 标准曲线绘制(A-c)

$V_{锌标液}$/mL	0.00	0.50	1.00	2.00	3.00	4.00
$c_{锌标液}$/($\mu g \cdot mL^{-1}$)	0.00	0.20	0.40	0.80	1.20	1.60
吸光度 A						

2. 未知发样中微量锌含量

测定项目	待测样				
$V_{试样溶液}$/mL					
吸光度 A					
$c_{试样溶液}$/($\mu g \cdot mL^{-1}$)					

思考与讨论：

表现评价

评价指标		评价主体		
一级指标	二级指标	学生自评	同学评价	教师评价
知识目标	能掌握实验条件的选择			
能力目标	能说出火焰原子吸收光谱的原理			
素质目标	学业管理能力（按时上课，按时完成作业）			
	学业毅力（能意识到困难并克服，能在一定时间内聚焦研究的问题）			
	合作技能（能与同学互帮互助）			
	自我效能（具有完成任务的自信心、成就感及在小组中的归属感）			
	操作态度（严谨、细致）			

4.3.4　任务四实施过程考核

<table>
<tr><td rowspan="2">项目 4 工作页</td><td>任务四：火焰原子吸收光谱仪测定营养成分钠含量</td><td>姓名：</td><td>班级：</td></tr>
<tr><td>实施过程考核</td><td>学号：</td><td>日期：</td></tr>
<tr><td colspan="4">主要仪器和试剂：</td></tr>
<tr><td colspan="4">请画出实验步骤的操作流程图：</td></tr>
</table>

数据记录及处理：

1. 湿法消解测定结果记录

空白吸收值					
湿法消解	1	2	3	4	5
吸收值					
实际浓度/[mg·(100 g)$^{-1}$]					

2. 微波消解测定结果记录

空白吸收值					
微波消解	1	2	3	4	5
吸收值					
实际浓度/[mg·(100 g)$^{-1}$]					

3. 打印标准曲线图(粘贴处)

思考与讨论:

表现评价

评价指标		评价主体		
一级指标	二级指标	学生自评	同学评价	教师评价
知识目标	能掌握火焰原子吸收光谱仪的实际操作方法			
	能掌握样品前处理的基本原理和方法			
能力目标	能说出实验的基本原理			
	能正确操作仪器			
素质目标	学业管理能力(按时上课,按时完成作业)			
	学业毅力(能意识到困难并克服,能在一定时间内聚焦研究的问题)			
	合作技能(能与同学互帮互助)			
	自我效能(具有完成任务的自信心、成就感及在小组中的归属感)			
	操作态度(严谨、细致)			

4.3.5　任务五实施过程考核

项目 4 工作页	任务五：石墨炉原子吸收光谱法测定水中镉含量	姓名：	班级：
	实施过程考核	学号：	日期：

主要仪器和试剂：

请画出实验步骤的操作流程图：

数据记录及处理：

1. 工作曲线

标准系列/($\mu g \cdot L^{-1}$)	0	0.4	1.0	1.5	2.0	2.5	3.0
吸收值 A							

曲线方程：Abs =

相关系数：R =

2. 水样检测结果

编号	1	2	3	4	5	6	
量取体积/mL							
吸收值 Abs							
样品被测液浓度/($\mu g \cdot L$)$^{-1}$							
样品浓度/($mg \cdot L^{-1}$)							
精密度							
精密度判断依据	测定结果的绝对差值不得超过算术平均值的 10%						

3. 加标回收

编号	样-1	样-2	加标-1	加标-2
量取体积/mL				
吸收值 Abs				
样品被测液浓度/($\mu g \cdot L^{-1}$)				
样品被测液平均浓度/($\mu g \cdot L^{-1}$)				
加标量/($\mu g \cdot L^{-1}$)				
加标回收率				
准确度回收依据	回收率在 80%~120%为合格			

思考与讨论：

表现评价

评价指标		评价主体		
一级指标	二级指标	学生自评	同学评价	教师评价
知识目标	能掌握实验的基本原理			
	能掌握精密度和回收试验的计算方法			
能力目标	能根据加标回收率结果评价方法和操作的准确性			
	能正确进行实验操作			
素质目标	学业管理能力(按时上课,按时完成作业)			
	学业毅力(能意识到困难并克服,能在一定时间内聚焦研究的问题)			
	合作技能(能与同学互帮互助)			
	自我效能(具有完成任务的自信心、成就感及在小组中的归属感)			
	操作态度(严谨、细致)			

项目5 气相色谱法

5.1 项目介绍

用气体作为流动相的色层分离分析方法称为气相色谱法。随所用固定相的状态不同，又可将其分为气固色谱和气液色谱。前者是用多孔性固体为固定相，分离的主要对象是一些永久性的气体和低沸点的化合物。但由于气固色谱可供选择的固定相种类甚少，分离的对象不多，且色谱峰容易产生拖尾，因此实际应用不广泛。气液色谱多用高沸点的有机化合物涂渍在惰性载体上作为固定相，一般只要在 450 ℃以下，有 1.5~10 kPa 的蒸汽压且热稳定性能好的有机及无极化合物都可用气相色谱法来分离。由于在气液色谱中可供选择的固定液种类很多，容易得到好的选择性，所以气液色谱很有实用价值。

氢火焰离子化检测器（FID）简称氢焰检测器，它具有结构简单、灵敏度高、死体积小、响应快、线性范围宽、稳定性好等优点，是目前常用的检测器之一。它仅对含碳的有机化合物有响应，对某些物质，如永久性气体、水、一氧化碳、二氧化碳、氮的氧化物、硫化氢等不产生信号或者信号很弱。

如图 5-1 所示为气相色谱仪。

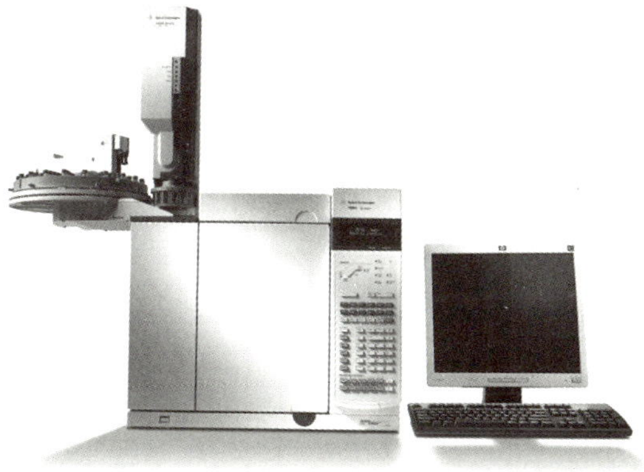

图 5-1 气相色谱仪

5.1.1 项目目标

知识目标：

1. 掌握气相色谱法测定基本原理及应用；
2. 熟悉气相色谱仪的结构；
3. 熟悉 FID 的结构
4. 了解气相色谱仪(具有 FID)的维护和保养等相关知识。

能力目标：

1. 能熟练地操作气相色谱仪(具 FID 检测器)；
2. 能应用气相色谱法进行样品的定性、定量分析。

素质目标：

1. 具有诚信；
2. 能爱岗敬业；
3. 具有团队意识和互助精神。

5.1.2 项目资讯

1. 气相色谱仪的结构是怎样的？
2. FID 检测器的结构是怎样的？
3. 气相色谱仪(具有 FID)如何操作？

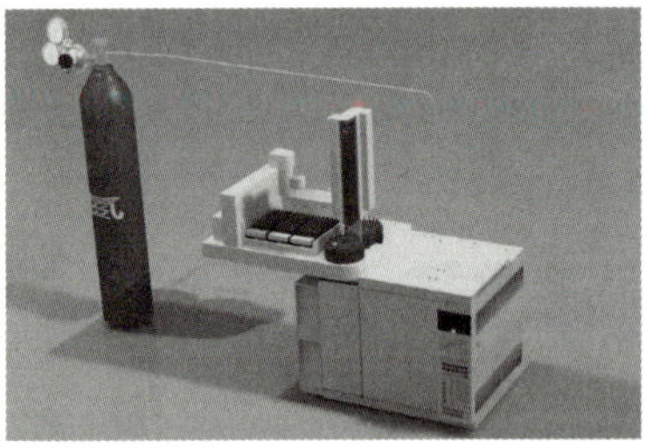

【动画 5-1 气相色谱仪的结构】

【动画 5-2 FID 检测器的结构】

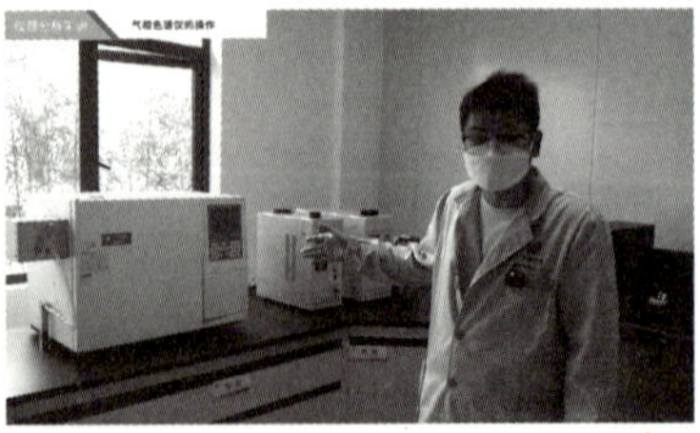

【视频 5-1 气相色谱仪的操作】

【PPT 5-1 气相色谱仪的操作】

4. 气相色谱仪的维护和保养

(1)对仪器工作环境的要求

①气相色谱仪应安装在坚固稳定、台面平整、具有排风设备、方便放置管道气路、有可靠的接地地线的实验台上,并应保持实验室内清洁干净。

②仪器应远离易燃、易爆和强腐蚀性的物质,应无强电磁场、热辐射源和剧烈振动,应避免日光直射,烟尘、污浊气流及水蒸气的影响。

③仪器安放的室内环境温度在 5~35 ℃,室内相对湿度在 20%~85%。

④仪器必须和化学处理室及发射光谱实验室分开。

(2)仪器保养和维护方法

由于静电原因,仪器内部容易吸附较多的灰尘,电路板及电路板插口除吸附有积尘外,还经常和某些有机蒸汽吸附在一起。部分有机物的凝固点较低,在进样口位置经常发现凝固的有机物,分流管线在使用一段时间后,内径变细,甚至被有机物堵塞。FID 长时间用于有机物分析,有机物在喷嘴、收集极位置沉积或积碳经常发生。

①仪器内部的吹扫、清洁。

a. 切断仪器电源,佩戴手套,用仪表空气或氮气对内部,特别是电路板和电路板插槽进行吹扫,并用软毛刷对灰尘较多的部分进行清理。

b. 吹扫完成后,对仪器内部存在有机物污染的地方,用脱脂棉蘸取水对水溶性有机物进行擦拭;对非水溶性或可能与水发生化学反应的有机物,用不与之发生反应的有机溶剂进行清洁;蘸取酒精对电路板和电路板插槽进行擦拭。

c. 注意在擦拭仪器过程中不能对仪器表面或其他部件造成腐蚀或二次污染。

②进样器比较容易污染,特别是汽化管容易污染,为此清洗进样器就显得比较重要,进样器汽化管可用溶剂棉球直接穿洗,穿洗后用大气流吹一下(主要吹掉棉球纤维并吹干溶剂),然后装好汽化管衬垫和密封螺母。

③氢火焰离子化检测器的清洗。

可拆下 FID 的外罩,取下电极和绝缘垫圈,把外罩、电极和绝缘垫圈用丙酮或酒精清洗然后烘干。如果污染严重,可以将待清洗零件放入超声波清洗液中,经超声后用清水淋洗干净,然后用酒精清洗并烘干。装配时注意点火线圈应居于喷口四周,不能与地相碰,高度不能超过喷嘴口。如超过喷嘴口,点火后点火极会发红影响检测器的灵敏度。如果是色谱固定液沾污检测器,则选择能溶解固定液的溶剂予以溶解。

④气体净化器、净化管的维护。

流路控制系统中,载气接有气体净化管,其中置放有 5A 分子筛。5A 分子筛需要定期更换或活化,活化温度为 260 ℃,时间多 24 小时。

⑤定期进行性能指标检测,发现问题及时处理。

5.1.3 项目资讯实施过程考核

<table>
<tr><td rowspan="2">项目 5 工作页</td><td>项目资讯任务(气相色谱法)</td><td>姓名:</td><td>班级:</td></tr>
<tr><td>实施过程考核</td><td>学号:</td><td>日期:</td></tr>
<tr><td colspan="4">请写出气相色谱仪(具有 FID)结构中的主要零部件名称:</td></tr>
<tr><td colspan="4">请画出气相色谱仪(具有 FID)的操作流程图:</td></tr>
<tr><td colspan="4">表现评价</td></tr>
</table>

<table>
<tr><td colspan="2">评价指标</td><td colspan="3">评价主体</td></tr>
<tr><td>一级指标</td><td>二级指标</td><td>学生自评</td><td>同学评价</td><td>教师评价</td></tr>
<tr><td rowspan="5">知识目标</td><td>能掌握实验的基本原理</td><td></td><td></td><td></td></tr>
<tr><td>能掌握气相色谱仪的结构</td><td></td><td></td><td></td></tr>
<tr><td>能掌握 FID 的结构</td><td></td><td></td><td></td></tr>
<tr><td>能掌握可见气相色谱仪
(具有 FID)的操作步骤</td><td></td><td></td><td></td></tr>
<tr><td>了解气相色谱仪(具有 FID)的
维护和保养知识</td><td></td><td></td><td></td></tr>
<tr><td rowspan="3">能力目标</td><td>能说出实验的基本原理</td><td></td><td></td><td></td></tr>
<tr><td>能写出气相色谱仪(具有 FID)
结构中的主要零部件名称</td><td></td><td></td><td></td></tr>
<tr><td>能简要画出气相色谱仪
(具有 FID)的操作流程图</td><td></td><td></td><td></td></tr>
<tr><td rowspan="4">素质目标</td><td>学业管理能力(按时上课,按时完成作业)</td><td></td><td></td><td></td></tr>
<tr><td>学业毅力(能意识到困难并克服,
能在一定时间内聚焦研究的问题)</td><td></td><td></td><td></td></tr>
<tr><td>合作技能(能与同学互帮互助)</td><td></td><td></td><td></td></tr>
<tr><td>自我效能(具有完成任务的自信心、
成就感及在小组中的归属感)</td><td></td><td></td><td></td></tr>
</table>

5.2 任务介绍及实施过程

任务一:气相色谱仪色谱柱的老化

任务二:气相色谱仪的性能检验(以异辛烷-正十六烷标准溶液为例)

任务三:气相色谱法校准苯系物

任务四:二硫化碳萃取气相色谱法测定待测试样中的苯系物的含量

任务五:气相色谱法测定待测试样中的氯苯含量

5.2.1　任务一实施过程

项目 5 工作页	任务一:气相色谱仪色谱柱的老化	姓名:	班级:
	学习领域:仪器分析	学号:	日期:

实验目的:

掌握气相色谱仪色谱柱老化的方法。

实验原理:

气相色谱仪在进行分析前,需要烘烤去除色谱柱表面的污染物,以获得干净而平稳的基线。老化色谱柱一方面是彻底除去填充物中的残留溶剂和某些挥发性物质的一种方法,另一方面也是促进固定液均匀牢固地分布在担体表面上的一种方法。

在常温下使用的柱子,可直接装在色谱仪上,接通载气,冲至基线平稳即可使用;如果柱子在高温操作条件下使用,则在比操作温度稍高的温度下通载气几小时至几十小时,彻底冲出固定液中易挥发的物质,待基线平稳后即可投入使用。

主要仪器和试剂:

1. 气相色谱仪(具有 FID)。
2. 色谱柱(毛细管柱):固定液为聚乙二醇(PEG-20M),30 m×0.32 mm×1.00 μm 或等效毛细管柱。
3. 载气:高纯氮气,纯度为 99.999%,用净化管净化。
4. 燃烧气:氢气,纯度为 99.99%。
5. 助燃气:空气,用净化管净化。

实验内容和步骤:

1. 按要求连接好色谱柱的进样口端,确保连接处无漏气(手拧紧后,再用扳手紧 1/4~1/2 圈)。

2. 设置色谱柱流量,将色谱柱出口端插入装有正己烷的小瓶中,观察是否有均匀连续气泡冒出,保证进样口端连接不漏气。

2. 检测器入口用死堵堵住。

3. 用载气吹扫色谱柱 15 min。

4. 运行升温程序,将炉温从 50 ℃用程序缓慢升温(通常每分钟升温 5 ℃或 10 ℃)到老化温度。

5. 在老化温度下保持 30 min,运行多个循环的程序升温来老化。

6. 老化温度可以参考将进行的分析条件,可在方法的最高温度基础上加 20 ℃,但不得超过色谱柱的恒温温度上限。

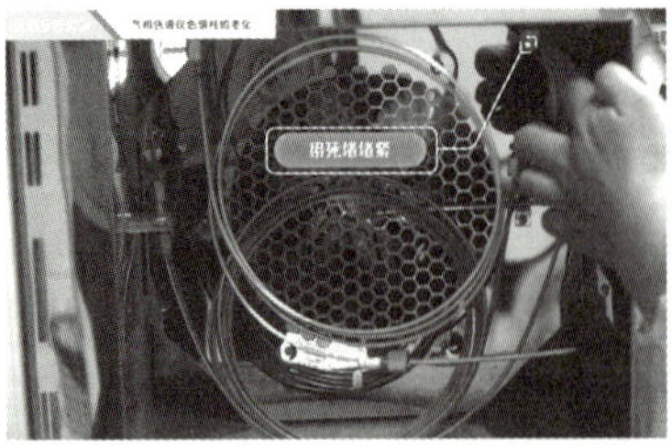

【视频 5-2　气相色谱仪色谱柱的老化】　【PPT 5-2　气相色谱仪色谱柱的老化】

实验要点(学生记录)：

思考与讨论：

老化色谱柱对气相色谱分析法有什么影响?

5.2.2 任务二实施过程

<table>
<tr><td rowspan="2">项目 5 工作页</td><td>任务二:气相色谱仪的性能检验
(以异辛烷-正十六烷标准溶液为例)</td><td>姓名:</td><td>班级:</td></tr>
<tr><td>学习领域:仪器分析</td><td>学号:</td><td>日期:</td></tr>
</table>

实验目的:

1. 掌握气相色谱仪的正确使用方法;
2. 熟悉气象色谱仪(具有 FID)性能检验的方法。

实验原理:

气相色谱仪是由载气把样品带入色谱柱,利用试样中各组分在气相和固定相间的分配及吸附系数不同进行分离,并通过检测器进行检测的仪器。根据各组分的保留时间和响应值进行定性和定量分析。

异辛烷与正十六烷不会互相干扰,正十六烷出峰很独立,所以正十六烷可以很好地测定仪器的灵敏度。

主要仪器和试剂:

1. 气相色谱仪(具有 FID)。
2. 色谱柱(毛细管柱):固定液为聚乙二醇(PEG-20M),30 m×0.32 mm×1.00 μm 或等效毛细管柱。
3. 载气:高纯氮气,纯度为 99.999%,用净化管净化。
4. 燃烧气:氢气,纯度为 99.99%。
5. 助燃气:空气,用净化管净化。
6. 10 μL 微量注射器。
7. 异辛烷-正十六烷标准溶液(c=100 ng/μL)。

实验内容和步骤:

1. 基线噪声和基线漂移

按下表检测条件设置色谱检验条件,记录基线 30 min,待基线稳定后,选取基线中噪声最大峰峰高对应的信号值为仪器的基线噪声。基线偏离起始点最大的响应信号值为仪器的基线漂移。

检测器	FID
柱箱温度/℃	160
气化室温度/℃	230
检测室温度/℃	230
所用标准物质	异辛烷-正十六烷

2. 定量重复性

按检测条件,待基线稳定后,用微量注射器注入异辛烷-正十六烷标准溶液,进样 1 μL,连续进样 7 次,以溶质峰面积测量的相对标准偏差 RSD 表示,按下面公示计算相对标准偏差 RSD:

$$RSD = \sqrt{\frac{\sum_{i=1}^{n}(x_i - \bar{x})^2}{(n-1)}} \times \frac{1}{\bar{x}} \times 100\%$$

3. FID 检测限

按检测条件,待基线稳定后,用微量注射器注入异辛烷-正十六烷标准溶液,进样 1 μL,连续进样 7 次,记录正十六烷峰面积,按下面公示计算检测限:

$$D_{FID} = \frac{2NW}{A}$$

式中 D_{FID}——FID 检测限,g/s;

N——基线噪声,A;

W——正十六烷的进样量,g;

A——正十六烷峰面积的算术平均值,A·s。

实验要点(学生记录):

思考与讨论:

1. 柱箱温度对待测试样有什么影响?
2. 基线噪声和基线漂移对待测试样分析有什么影响?

5.2.3 任务三实施过程

项目5工作页	任务三:气相色谱法校准苯系物	姓名:	班级:
	学习领域:仪器分析	学号:	日期:

实验目的:

掌握气相色谱苯系物标准曲线绘制的原理和方法。

实验原理:

当汽化后的试样被载气带入色谱柱中运行时,待测组份就在其中的两相间进行反复多次分配。由于固定相对各组份的吸附或溶解能力不同,因此各组分在色谱柱中的运行速度不同,经过一定的柱长后,便彼此分离。待测试样中各组分经色谱柱分离后,按顺序离开色谱柱进入检测器,检测器将流动相各组分浓度转变为相应的电信号。产生的离子流讯号经放大后,记录仪上描绘出各组分的色谱峰,记录仪记录下的信号-时间曲线称为色谱流出曲线,即色谱图。

主要仪器和试剂:

1. 气相色谱仪(具有 FID)。
2. 色谱柱(毛细管柱):固定液为聚乙二醇(PEG-20M),30 m×0.32 mm×1.00 μm 或等效毛细管柱。
3. 载气:高纯氮气,纯度为 99.999%,用净化管净化。
4. 燃烧气:氢气,纯度为 99.99%。
5. 助燃气:空气,用净化管净化。
6. 二硫化碳:分析纯,经色谱鉴定无干扰峰。
7. 标准贮备液:取适量色谱纯的苯、甲苯、乙苯、邻二甲苯、间二甲苯、对二甲苯、异丙苯和苯乙烯配制于一定体积的二硫化碳中,也可使用有证标准溶液。
8. 微量进样器:1~5 μL,精度为 0.1 μL。
9. 移液管:1.00 mL。
10. 磨口具塞试管:5 mL。

实验内容和步骤:

1. 仪器准备(参照微课视频 5-1)。
2. 推荐分析条件。
3. 校准曲线的绘制。
4. 标准色谱图。

参考色谱图如下:

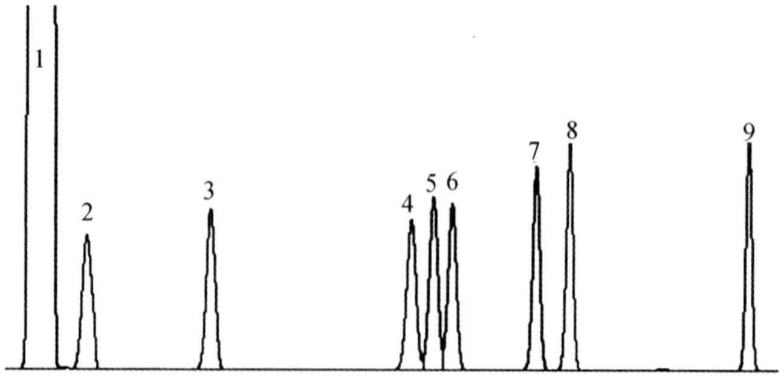

1—二硫化碳;2—苯;3—甲苯;4—乙苯;5—对二甲苯;6—间二甲苯;7—异丙苯;8—邻二甲苯;9—苯乙烯。

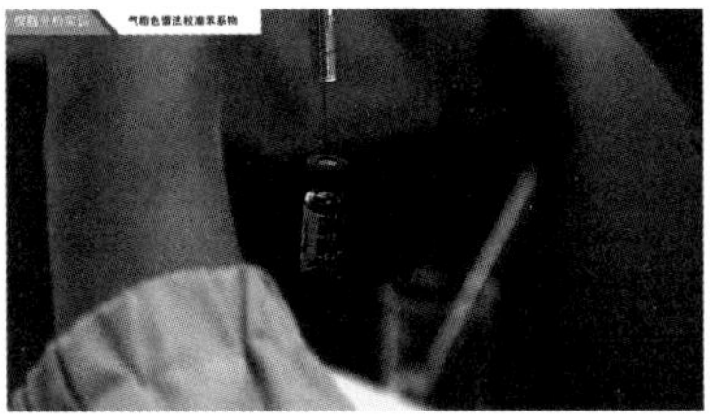

【视频 5-3　气相色谱法校准苯系物】

【PPT 5-3　气相色谱法校准苯系物】

实验要点(学生记录)：

思考与讨论：

苯系物不同组分的出峰时间和顺序分别是什么？

5.2.4 任务四实施过程

项目 5 工作页	任务四:二硫化碳萃取气相色谱法测定待测试样中的苯系物含量	姓名:	班级:
	学习领域:仪器分析	学号:	日期:

实验目的:

掌握二硫化碳萃取气相色谱法测定待测试样中的苯系物含量的原理和方法。

实验原理:

大气中的苯系物一般以蒸气的形式分散在空气中。空气中的苯系物或有机蒸气经活性碳采集浓缩(苯等可在较高浓度下直接进样进行色谱分析),以二硫化碳解吸,以适当的色谱分离柱分离,用 FID 进行检测,以色谱保留时间定性,色谱峰高或峰面积定量。

主要仪器和试剂:

1. 气相色谱仪(具有 FID)。
2. 色谱柱(毛细管柱):固定液为聚乙二醇(PEG-20M),30 m×0.32 mm×1.00 μm 或等效毛细管柱。
3. 载气:高纯氮气,纯度为 99.999%,用净化管净化。
4. 燃烧气:氢气,纯度为 99.99%。
5. 助燃气:空气,用净化管净化。
6. 二硫化碳:分析纯,经色谱鉴定无干扰峰。
7. 无油采样泵:能在 0~1.5 L/min 内精确保持流量。
8. 活性炭采样管。

采样管内装有两段特制的活性炭,*A* 段 100 mg,*B* 段 50 mg;*A* 段为采样段,*B* 段为指示段,如下图所示:

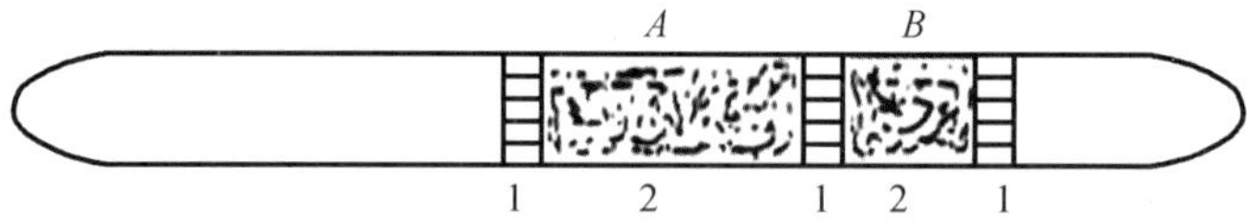

1—玻璃棉;2—活性炭;3—100 mg 活性炭;4—50 mg 活性炭。

9. 温度计:精度为 0.1 ℃。
10. 气压计:精度为 0.01 kPa。
11. 微量进样器:1~5 μL,精度为 0.1 μL。
12. 移液管:1.00 mL。
13. 磨口具塞试管:5 mL。
14. 一般实验室常用仪器设备。

实验内容和步骤：

1. 待测试样采集

(1)采样前应对采样器进行流量校准。在采样现场，将一只采样管与空气采样装置相连，调整采样装置流量，此采样管仅作为调节流量用，不用作采样分析。

(2)敲开活性炭采样管的两端，与采样器相连（A 段为气体入口），检查采样系统的气密性。以 0.2~0.6 L/min 的流量采气 1~2 h。同时记录采样器流量、当前温度、气压及采样时间和地点。

(3)采样完毕前，再次记录采样流量。取下采样管，立即用聚四氟乙烯帽密封。

2. 现场空白样品的采集

将活性炭管运输到采样现场，敲开两端后立即用聚四氟乙烯帽密封，并同已采集待测试样的活性炭管一同存放并带回，同待测样品一起分析。

3. 待测试样的保存

采集好的待测试样，立即用聚四氟乙烯帽将活性炭采样管的两端密封，避光密闭保存，室温下可保存 8 h。

4. 待测试样的解吸

将活性炭采样管中 A 段和 B 段取出，分别放入磨口具塞试管中，每个试管中各加入 1.00 mL 二硫化碳，密闭，轻轻振动，在室温下解吸 1 h 后，待测。

5. 待测试样的测定

取制备好的待测试样 1.0 μL，注射到气相色谱仪中，调整分析条件（同任务三：气相色谱法校准苯系物中推荐分析条件），目标组分经色谱柱分离后，由 FID 进行检测。记录色谱峰的保留时间和相应值。

(1)定性分析

根据保留时间定性。

(2)定量分析

根据校准曲线计算目标组分含量（同任务三：气相色谱法校准苯系物中校准曲线的绘制）。

(3)空白试验

现场空白活性炭管与已采样的待测试样管同批测定，分析步骤同待测试样的测定。

6. 结果计算及表示

(1)结果的计算

气体中待测试样化合物浓度，按照下列公式进行计算：

$$\rho=\frac{(W-W_0)\times V}{V_{nd}}$$

式中　ρ——气体中待测组分浓度，mg/m^3；

W——由校准曲线计算的样品解吸液的浓度，μg/mL；

W_0——由校准曲线计算的空白解吸液的浓度，μg/mL；

V——解吸液体积，mL；

V_{nd}——标准状态下（101.325 kPa，0 ℃）的采样体积，L。

(2)结果的表示

当测定结果小于 0.1 mg/m^3 时，保留到小数点后四位；当测定结果大于等于 0.1 mg/m^3 时，保留三位有效数字。

实验要点(学生记录):

思考与讨论:

1. 现场空白试验对分析试验的意义是什么?
2. 如何测定苯系物混合样?

5.2.5　任务五实施过程

项目 5 工作页	任务五:气相色谱法测定待测试样中的氯苯含量	姓名:	班级:
	学习领域:仪器分析	学号:	日期:

实验目的:

掌握气相色谱法测定待测试样中的氯苯含量的原理和方法。

实验原理:

当待测样品通过 FID 火焰后会产生一个离子化过程,从而产生大量的离子。火焰喷嘴两端的高电压电极产生一个静电场,离子化产生的正负离子分别向正负电极移动,从而在两个电极之间产生电极电流。电流的强度和燃烧的气体样品中待测组分的浓度是成比例关系的,从而可以根据电流强度测出气体样品中待测组分的含量。

用二硫化碳萃取待测试样中的氯苯,萃取液经浓缩后,取 1 μL 注入气相色谱仪,用 FID 检测。

主要仪器和试剂:

1. 气相色谱仪(具有 FID)。
2. 色谱柱:柱长 2.5 m,内径为 3 mm,内填 10%SE-30,涂渍在 60~80 目 Chromosorb W(AW-DMCS)担体上。
3. K-D 浓缩器:具有 1 mL 刻度的浓缩瓶。
4. 分液漏斗:250 mL。
5. 氯苯:色谱纯。
6. 二硫化碳:分析纯或残留农药分析纯,经色谱测定无干扰峰。
7. 无水硫酸钠:在 300 ℃烘箱中烘烤 4 h,放入干燥器中,冷却至室温,装入玻璃瓶中备用。
8. 氯化钠:分析纯,在 300 ℃烘烤 4 h,放入干燥器中,冷却至室温,装入玻璃瓶中备用。
9. 甲醇:优级纯。
10. 乙醇:优级纯。
11. 氯苯贮备液:称取 100 mg 氯苯于 100 mL 容量瓶中,用甲醇定容并混匀,贮备溶液的浓度为 1.00 mg/mL。
12. 净化水:用正己烷(残留农药分析纯级)洗涤过的蒸馏水或纯净水。

实验内容和步骤:

1. 仪器准备(参照微课视频 5-1)
2. 样品预处理
3. 校准曲线

(1)标准溶液的配制,用移液管量取适量贮备溶液,移至 100 mL 容量瓶中,用乙醇稀释至刻度。

(2)取不同体积的标准溶液,分别放入已加入约 100 mL 净化水的 250 mL 分液漏斗中,按待测样品的预处理方法用二硫化碳进行萃取。以氯苯的浓度对应其峰高或峰面积,绘制校准曲线。

4. 色谱测定

色谱条件:柱温 100 ℃;

汽化室及检测器温度:200 ℃;

气体流量:载气为氮气 40 mL/min、氢气 50 mL/min、空气 500 mL/min;

进样量:1 μL。

5. 标准色谱图

参考色谱图如下:

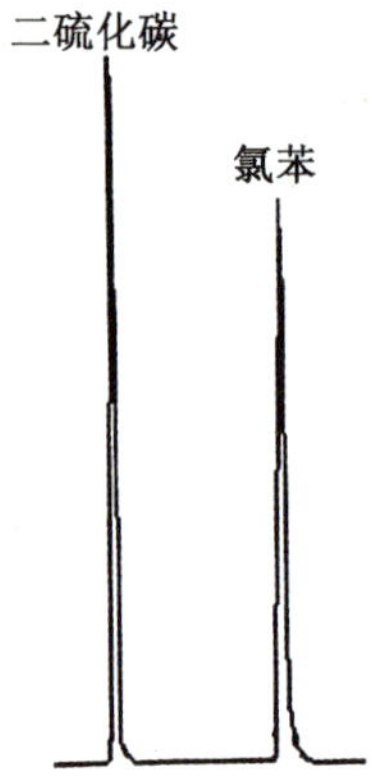

6. 结果计算

外标法定量。选择接近样品浓度的标准萃取溶液,注入色谱仪,记录峰高或峰面积,按以下公式计算:

$$c=\frac{AEV_1}{A_E V_2}$$

式中 c——待测试样中氯苯的浓度,mg/L;

E——标样中氯苯的浓度,mg/L;

A——测得萃取液中氯苯的峰高或峰面积;

A_E——标样中测得氯苯的峰高或峰面积;

V_1——萃取液的体积,mL;

V_2——萃取待测试样体积,mL。

【视频 5-4 气相色谱法测定待测试样中氯苯的含量时样品的预处理】

【PPT 5-4 气相色谱法测定待测试样中氯苯的含量时样品的预处理】

实验要点(学生记录):

思考与讨论:

1. FID 测定氯苯的原理是什么?
2. 使用未用正己烷(残留农药分析纯级)洗涤过的蒸馏水或纯净水对分析试验有什么影响?

5.3 任务实施过程考核

5.3.1 任务一实施过程考核

<table>
<tr><td rowspan="2">项目 5 工作页</td><td>任务一:气相色谱仪色谱柱的老化</td><td>姓名:</td><td>班级:</td></tr>
<tr><td>实施过程考核</td><td>学号:</td><td>日期:</td></tr>
<tr><td colspan="4">主要仪器和试剂:</td></tr>
<tr><td colspan="4">请画出实验步骤的操作流程图:</td></tr>
</table>

数据记录及处理:

思考与讨论:

表现评价

评价指标		评价主体		
一级指标	二级指标	学生自评	同学评价	教师评价
知识目标	能掌握实验的基本原理			
	能掌握气相色谱仪(具有 FID)色谱柱老化的操作步骤			
能力目标	能说出实验的基本原理			
	能简要画出气相色谱仪(具有 FID)色谱柱老化的操作流程图			
素质目标	学业管理能力(按时上课,按时完成作业)			
	学业毅力(能意识到困难并克服,能在一定时间内聚焦研究的问题)			
	合作技能(能与同学互帮互助)			
	自我效能(具有完成任务的自信心、成就感及在小组中的归属感)			
	操作态度(严谨、细致)			

5.3.2 任务二实施过程考核

<table>
<tr><td rowspan="2">项目 5 工作页</td><td>任务二:气相色谱仪的性能检验
（以异辛烷-正十六烷标准溶液为例）</td><td>姓名:</td><td>班级:</td></tr>
<tr><td>实施过程考核</td><td>学号:</td><td>日期:</td></tr>
<tr><td colspan="4">主要仪器和试剂:</td></tr>
<tr><td colspan="4">请画出实验步骤的操作流程图:</td></tr>
</table>

数据记录及处理:

1. 仪器稳定性(异辛烷-正十六烷标准溶液)

测定次数	1	2	3	4	5	6	7
A							
RSD							
结论							

2. FID 检测限(异辛烷-正十六烷标准溶液)

测定次数	1	2	3	4	5	6	7
A							
D_{FID}							
结论							

3. 色谱图(打印粘贴)

思考与讨论：

表现评价

评价指标		评价主体		
一级指标	二级指标	学生自评	同学评价	教师评价
知识目标	能掌握实验的基本原理			
	能掌握气相色谱仪相对标准偏差和检测限的计算方法			
能力目标	能说出实验的基本原理			
	能正确计算气相色谱仪的相对标准偏差和检测限			
素质目标	学业管理能力(按时上课,按时完成作业)			
	学业毅力(能意识到困难并克服,能在一定时间内聚焦研究的问题)			
	合作技能(能与同学互帮互助)			
	自我效能(具有完成任务的自信心、成就感及在小组中的归属感)			
	操作态度(严谨、细致)			

5.3.3 任务三实施过程考核

<table>
<tr><td rowspan="2">项目 5 工作页</td><td>任务三:气相色谱法校准苯系物</td><td>姓名:</td><td>班级:</td></tr>
<tr><td>实施过程考核</td><td>学号:</td><td>日期:</td></tr>
<tr><td colspan="4">主要仪器和试剂:</td></tr>
<tr><td colspan="4">请画出实验步骤的操作流程图:</td></tr>
<tr><td colspan="4">数据记录及处理:</td></tr>
</table>

1. 苯校准曲线绘制

编号	1	2	3	4	5
V(苯)/mL	0.5	1.0	10	20	50
保留时间/min					
响应值					
峰面积					
浓度/($\mu g \cdot mL^{-1}$)					
回归方程					
相关系数					

2. 甲苯校准曲线绘制

编号	1	2	3	4	5
V(苯)/mL	0.5	1.0	10	20	50
保留时间/min					
响应值					
峰面积					
浓度/($\mu g \cdot mL^{-1}$)					
回归方程					
相关系数					

3. 乙苯校准曲线绘制

编号	1	2	3	4	5
V(苯)/mL	0.5	1.0	10	20	50
保留时间/min					
响应值					
峰面积					
浓度/($\mu g \cdot mL^{-1}$)					
回归方程					
相关系数					

4. 邻二甲苯校准曲线绘制

编号	1	2	3	4	5
V(苯)/mL	0.5	1.0	10	20	50
保留时间/min					
响应值					
峰面积					
浓度/($\mu g \cdot mL^{-1}$)					
回归方程					
相关系数					

5. 间二甲苯校准曲线绘制

编号	1	2	3	4	5
V(苯)/mL	0.5	1.0	10	20	50
保留时间/min					
响应值					
峰面积					
浓度/($\mu g \cdot mL^{-1}$)					
回归方程					
相关系数					

6. 对二甲苯校准曲线绘制

编号	1	2	3	4	5
V(苯)/mL	0.5	1.0	10	20	50
保留时间/min					
响应值					
峰面积					
浓度/(μg·mL^{-1})					
回归方程					
相关系数					

7. 异丙苯校准曲线绘制

编号	1	2	3	4	5
V(苯)/mL	0.5	1.0	10	20	50
保留时间/min					
响应值					
峰面积					
浓度/(μg·mL^{-1})					
回归方程					
相关系数					

8. 苯乙烯校准曲线绘制

编号	1	2	3	4	5
V(苯)/mL	0.5	1.0	10	20	50
保留时间/min					
响应值					
峰面积					
浓度/(μg·mL^{-1})					
回归方程					
相关系数					

9. 色谱图(打印粘贴)

思考与讨论：

表现评价

评价指标		评价主体		
一级指标	二级指标	学生自评	同学评价	教师评价
知识目标	能掌握实验的基本原理			
	能掌握测定的方法			
能力目标	能说出实验的基本原理			
	能正确进行实验操作			
素质目标	学业管理能力（按时上课，按时完成作业）			
	学业毅力（能意识到困难并克服，能在一定时间内聚焦研究的问题）			
	合作技能（能与同学互帮互助）			
	自我效能（具有完成任务的自信心、成就感及在小组中的归属感）			
	操作态度（严谨、细致）			

5.3.4 任务四实施过程考核

<table>
<tr><td rowspan="2">项目 5 工作页</td><td>任务四:二硫化碳萃取气相色谱法测定待测试样中的苯系物含量</td><td>姓名:</td><td>班级:</td></tr>
<tr><td>实施过程考核</td><td>学号:</td><td>日期:</td></tr>
<tr><td colspan="4">主要仪器和试剂:</td></tr>
<tr><td colspan="4">请画出实验步骤的操作流程图:</td></tr>
<tr><td colspan="4">数据记录及处理:
1. 校准曲线</td></tr>
</table>

苯系物组分	校准曲线	相关系数
苯		
甲苯		
乙苯		
邻二甲苯		
间二甲苯		
对二甲苯		
异丙苯		
苯乙烯		

2. 未知试液的测定

待测试样组分	标况体积（m^3）	测定量	待测试样含量/（$mg \cdot m^{-3}$）	平均值
空白样 1				
空白样 2				
苯 1				
苯 2				
甲苯 1				
甲苯 2				
乙苯 1				
乙苯 2				
邻二甲苯 1				
邻二甲苯 2				
间二甲苯 1				
间二甲苯 2				
对二甲苯 1				
对二甲苯 2				
异丙苯 1				
异丙苯 2				
苯乙烯 1				
苯乙烯 2				

3. 色谱图（打印粘贴）

思考与讨论：

表现评价

评价指标		评价主体		
一级指标	二级指标	学生自评	同学评价	教师评价
知识目标	能掌握二硫化碳萃取气相色谱法测定待测试样中的苯系物含量的原理和方法			
能力目标	能说出实验的基本原理			
	能正确操作实验			
	能正确计算出待测试样的浓度			
素质目标	学业管理能力（按时上课，按时完成作业）			
	学业毅力（能意识到困难并克服，能在一定时间内聚焦研究的问题）			
	合作技能（能与同学互帮互助）			
	自我效能（具有完成任务的自信心、成就感及在小组中的归属感）			
	操作态度（严谨、细致）			

5.3.5 任务五实施过程考核

<table>
<tr><td rowspan="2">项目 5 工作页</td><td>任务五:气相色谱法测定
待测试样中的氯苯含量</td><td>姓名:</td><td>班级:</td></tr>
<tr><td>实施过程考核</td><td>学号:</td><td>日期:</td></tr>
<tr><td colspan="4">主要仪器和试剂:</td></tr>
<tr><td colspan="4">请画出实验步骤的操作流程图:</td></tr>
</table>

数据记录及处理:

1. 未知试液的测定

<table>
<tr><td>待测试样组分</td><td>取样量
/mL</td><td>测定量</td><td>待测试样含量
/($mg \cdot L^{-1}$)</td><td>平均值</td></tr>
<tr><td>空白样 1</td><td></td><td></td><td></td><td rowspan="8"></td></tr>
<tr><td>空白样 2</td><td></td><td></td><td></td></tr>
<tr><td>氯苯 1</td><td></td><td></td><td></td></tr>
<tr><td>氯苯 2</td><td></td><td></td><td></td></tr>
<tr><td>氯苯 3</td><td></td><td></td><td></td></tr>
<tr><td>氯苯 4</td><td></td><td></td><td></td></tr>
<tr><td>氯苯 5</td><td></td><td></td><td></td></tr>
<tr><td>氯苯 6</td><td></td><td></td><td></td></tr>
<tr><td colspan="2">标样中氯苯的浓度/($mg \cdot L^{-1}$)</td><td colspan="3"></td></tr>
<tr><td colspan="2">标样中测得氯苯的峰高或峰面积</td><td colspan="3"></td></tr>
<tr><td colspan="2">相对标准偏差 RSD</td><td colspan="3"></td></tr>
</table>

2. 色谱图（打印粘贴）

思考与讨论：

表现评价

评价指标		评价主体		
一级指标	二级指标	学生自评	同学评价	教师评价
知识目标	能掌握气相色谱法测定待测试样中的氯苯含量的原理和方法			
能力目标	能说出实验的基本原理			
	能正确操作实验			
	能正确计算出待测试样的浓度			
素质目标	学业管理能力（按时上课，按时完成作业）			
	学业毅力（能意识到困难并克服，能在一定时间内聚焦研究的问题）			
	合作技能（能与同学互帮互助）			
	自我效能（具有完成任务的自信心、成就感及在小组中的归属感）			
	操作态度（严谨、细致）			

项目 6　高效液相色谱法

6.1　项 目 介 绍

高效液相色谱法是在 20 世纪 60 年代末期发展起来的能够进行定性和定量分析的新型分离、分析技术，由气相色谱和经典液相色谱发展而来。由于具有高压输液泵、高灵敏度的检测器和色谱柱，具有分离效能高、检测灵敏度高、分析速度快、选择性高、进样体积小等特点，极大程度提高了目标化合物的分离检测效果。

高效液相色谱法适用于大分子、不易挥发、不同极性的有机化合物。其原理为样品经过提取，由流动相带入分离系统，在色谱柱内由于不同化合物与色谱柱内填料的相互作用力不同，通过吸附和解吸附进行分离，检测器进行检测，最后由保留时间定性，外标法定量。高效液相色谱法至今已广泛应用于多项领域的检测分析，包括化工生产、制药工程、食品工业、生物化工、医学临床检验及环境污染物检测等。

如图 6-1 所示为高效液相色谱。

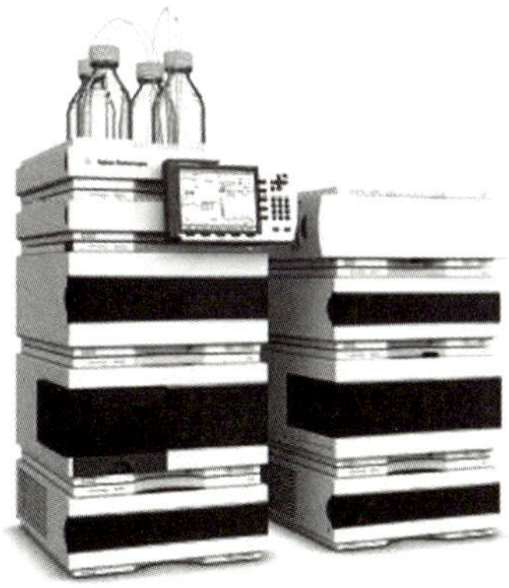

图 6-1　高效液相色谱

6.1.1　项目目标

知识目标：

1. 掌握高效液相色谱法测定基本原理及应用；
2. 熟悉高效液相色谱仪的结构及使用方法；

3. 熟悉色谱柱的分离原理。

能力目标：

1. 能熟练地操作高效液相色谱仪；
2. 能应用高效液相色谱仪进行样品的定性、定量分析。

素质目标：

1. 具有良好的职业道德和职业素养；
2. 具有精益求精、严谨、细致的工匠精神；
3. 具有良好的团队合作精神。

6.1.2　项目资讯

1. 高效液相色谱仪由哪几部分组成？
2. 高效液相色谱仪如何操作？

【动画 6-1　高效液相色谱仪的结构】

【视频 6-1　高效液相色谱仪的操作】

【PPT 6-1　高效液相色谱仪的操作】

3. 高效液相色谱仪的维护和保养

（1）对仪器工作环境的要求

①高效液相色谱仪应安装在稳固的工作台上。

②仪器的工作环境温度最好在 20~30 ℃，温度变化控制在 2~3 ℃范围内，应避免强光直射；室内相对湿度不大于 60%。

③仪器应设置通风器，且通风口应对准流动相，确保空气清新。

④夏季仪器确保在 30 ℃以内的环境下工作，温度太高流动相管路容易出现气泡，影响检测器灵敏度，最终影响检测结果的准确度。

（2）仪器保养和维护方法

①日常维护保养

a. 擦拭仪器表面灰尘，保持仪器清洁；

b. 检查管路是否漏液，擦拭漏液托盘；

c. 定期清洗溶剂瓶、过滤器及各管路。

②周期性维护保养

a. 清洗单向阀，防止输液泵堵塞；

b. 定期更换预柱，防止色谱柱堵塞

c. 定期检测检测器灵敏度,确保数据的准确;

d. 定期更换灯源。

6.1.3　项目资讯实施过程考核

项目6工作页	项目资讯任务(高效液相色谱法)	姓名:	班级:
	实施过程考核	学号:	日期:
请写出高效液相色谱仪原理:			
请画出高效液相色谱仪的操作流程图:			
表现评价			

评价指标		评价主体		
一级指标	二级指标	学生自评	同学评价	教师评价
知识目标	能掌握实验的基本原理			
	能掌握高效液相色谱仪的结构			
	能掌握高效液相色谱仪的操作步骤			
	了解高效液相色仪的维护和保养知识			
能力目标	能说出实验的基本原理			
	能写出高效液相色谱仪结构中的主要组成部分			
	能简要画出高效液相色谱仪的操作流程图			
素质目标	学业管理能力(按时上课,按时完成作业)			
	学业毅力(能意识到困难并克服,能在一定时间内聚焦研究的问题)			
	合作技能(能与同学互帮互助)			
	自我效能(具有完成任务的自信心、成就感及在小组中的归属感)			

6.2　任务介绍及实施过程

任务一：高效液相色谱仪的性能检查

任务二：高效液相色谱仪的日常维护

任务三：食品中苯甲酸、山梨酸、糖精钠含量的测定

任务四：食用油中苯并(a)芘含量的测定

任务五：玉米中玉米赤霉烯酮含量的测定

6.2.1　任务一实施过程

<table>
<tr><td rowspan="2">项目6工作页</td><td>任务一:高效液相色谱仪的性能检查</td><td>姓名:</td><td>班级:</td></tr>
<tr><td>学习领域:仪器分析</td><td>学号:</td><td>日期:</td></tr>
<tr><td colspan="4">实验目的:
1. 掌握高效液相色谱仪的使用方法;
2. 掌握标准物质及流动相的配制方法;
3. 熟悉高效液相色谱仪性能检验的方法。</td></tr>
<tr><td colspan="4">实验原理:
为保证仪器在检定有效期内检测功能保持正常状态,确保检验结果的准确性和有效性,需在仪器检定有效期中间时间段进行一次期间核查,以检验仪器在检定有效期内检测功能是否正常。
高效液相色谱仪的性能检查原理为不同浓度校准标准品通过色谱柱的分离,由检测器检测后得出保留时间和峰面积,通过保留时间进行定性分析,通过面积进行定量分析,最后对检测器性能和整机性能进行检查。</td></tr>
<tr><td colspan="4">主要仪器和试剂:
1. 高效液相色谱仪(配备紫外检测器)、溶剂过滤器。
2. 10^{-4} g/mL 萘甲醇标准溶液、10^{-7} g/mL 萘甲醇标准溶液,可直接购买。
3. 甲醇:色谱级(注意:使用前过 0.22 μm 有机相滤膜,并且超声脱气至没有气泡为止)。
4. 色谱柱:C_{18} 柱。</td></tr>
<tr><td colspan="4">实验内容和步骤:
1. 仪器条件
流动相:100%甲醇;
洗脱程序:等度洗脱;
色谱柱:C_{18} 柱;
泵流速:1 mL/min;
柱温箱:40 ℃;
检测器波长:254 nm;
时间程序:10 min;
进样量:10 μL。
2. 基线噪声和基线漂移
采用1中仪器条件,将仪器检测灵敏度调至最大,打开仪器预热,待仪器稳定后记录30min仪器基线,记录基线中噪声最大峰峰高所对应的信号值,按5中(1)计算基线噪声。
用30 min内基线偏离起始点最大信号值(AU/30 min)表示基线漂移。
3. 最小检出限测定
采用1中仪器条件,对 10^{-7} g/mL 萘甲醇标准溶液连续检测两次,记录目标色谱峰峰高和基线噪声峰高,按5中(2)计算最小检测浓度。</td></tr>
</table>

4. 重复性测定

采用 1 中仪器条件，对 10^{-4} g/mL 萘甲醇标准溶液连续检测 8 次，记录目标峰保留时间和峰面积，计算相对标准偏差(RSD)。

5. 计算公式

(1)
$$N_d = KB$$

式中 N_d——检测器基线噪；

K——衰减倍数

B——测得基线峰一峰高对应的信号值，AU。

(2)
$$c_L = \frac{2N_d cV}{20H}$$

式中 c_L——最小检测浓度，g/mL；

N_d——基线噪声峰高；

c——标准溶液浓度，g/mL；

V——进样体积，μL；

H——标准物质的峰高。

实验要点(学生记录)：

思考与讨论：

1. 不同检测器如何选择校准标准物质？
2. 使用高效液相色谱仪时，应该注意哪些问题？

6.2.2　任务二实施过程

项目6工作页	任务二:高效液相色谱仪的日常维护	姓名:	班级:
	学习领域:仪器分析	学号:	日期:

实验目的:

1. 了解不同检测器所使用灯的类型;
2. 学会更换灯源和单向阀的清洗。

实验原理:

对于高效液相色谱仪,当输液泵出现压力波动超过0.3 MPa或者输液泵压力达不到正常值时,若排除气泡干扰的因素,可初步判断是由于单向阀被污染导致。对于检测器来说,在样品检测过程中出现基线变粗,响应值变小或者灯源使用时间过长(超过2 000 h),则需要更换灯源。

主要工具和设备:

1. 无粉手套;
2. 十字螺丝刀;
3. 新的氘灯;
4. 超声波清洗仪;
5. 阻尼管。

实验内容和步骤:

1. 单向阀的清洗

单向阀通常有两种清洗方法:

(1)在线清洗;

(2)超声清洗。

2. 更换氘灯

【视频6-2　单向阀的清洗】

【PPT 6-2　单向阀的清洗】

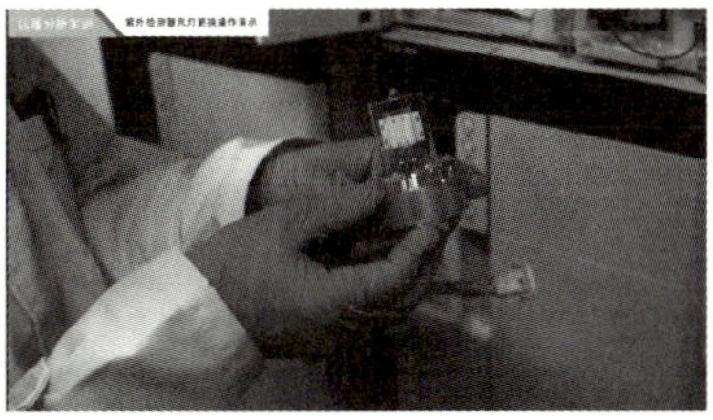

【视频6-3 更换氘灯】

【PPT 6-3 更换氘灯】

实验要点(学生记录):
思考与讨论: 1. 单向阀为什么会受到污染? 2. 更换氘灯时戴手套操作的作用是什么?

6.2.3　任务三实施过程

项目 6 工作页	任务三:食品中苯甲酸、山梨酸、糖精钠含量的测定	姓名:	班级:
	学习领域:仪器分析	学号:	日期:

实验目的:

1. 掌握高效液相色谱仪的使用方法;
2. 掌握食品中苯甲酸、山梨酸、糖精钠含量的测定的原理和方法;
3. 了解苯甲酸、山梨酸、糖精钠在不同食品中的作用及使用限量。

实验原理:

样品用水提取除去杂质后,通过色谱柱分离、紫外检测器检测,通过保留进行时间定性分析,通过外标法进行定量分析。

主要仪器和试剂:

1. 高效液相色谱仪:配有紫外检测器。
2. 分析天平:感量为 0.000 1 g。
3. 涡旋振荡器。
4. 离心机。
5. 超声波清洗仪。
6. 亚铁氰化钾溶液(92 g/L):准确称取 106 g 亚铁氰化钾置于烧杯中,加入适量蒸馏水将其完全溶解,移入 1 000 mL 容量瓶中,用蒸馏水定容至刻度,摇匀。
7. 乙酸锌溶液(183 g/L):移取 220 g 乙酸锌置于烧杯中,加入适量蒸馏水将其完全溶解,移入 1 000 mL 容量瓶中,用蒸馏水定容至刻度,摇匀。
8. 乙酸铵溶液(20 mmol/L):准确称取 1.54 g 乙酸铵置于烧杯中,加入适量超纯水(可用娃哈哈纯净水)将其完全溶解,移入 1 000 mL 容量瓶中,用超纯水定容至刻度,摇匀,经 0.22 μm 水相滤膜过滤,超声脱气后备用。
9. 苯甲酸、山梨酸、糖精钠混合标准中间液(200 mg/L):分别吸取苯甲酸(1 000 mg/L)、山梨酸(1 000 mg/L)、糖精钠(1 000 mg/L)标准储备液 2.0 mL 于 10 mL 容量瓶中,用超纯水定容至刻度,摇匀。于 4 ℃贮存,保存期 3 个月。
10. 苯甲酸、山梨酸、糖精钠混合标准系列工作液:分别准确吸取苯甲酸、山梨酸、糖精钠混合标准中间液(200 mg / L) 0 mL、0. 05mL、0. 25 mL、0. 50 mL、1. 00 mL、2. 50 mL 和 5. 00 mL,用超纯水定容至 10 mL,配置成浓度为 0 mg / L、1.00mg / L、5.00 mg / L、10.00 mg / L、20.00 mg / L、50.00 mg / L 和 100.00 mg / L 的混合标准系列工作溶液。临用现配。

实验内容和步骤:

1. 仪器的准备(参照微课视频 6-1)
2. 样品的制备(以面包为例)
3. 样品提取
4. 仪器参数

5. 绘制标准曲线

6. 样品的测定

7. 计算

根据如下公式计算出样品中目标化合物的含量

$$X=\frac{cV}{m}\div 1\,000-\text{空白}$$

式中　X——样品中目标化合物的含量，g/kg；

c——由标准曲线线性方程得出的目标化合物的质量浓度，mg/L；

V——定容体积，mL；

m——称样质量，g；

1 000——单位换算因子。

计算结果保留 3 位有效数字。

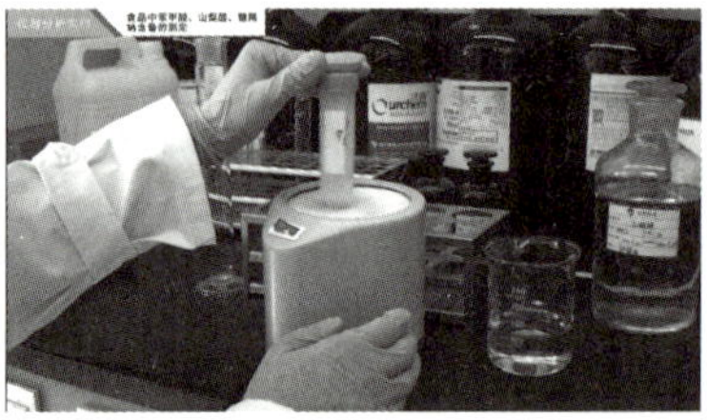

【视频 6-4　食品中苯甲酸、山梨酸、糖精钠含量的测定步骤】

【PPT 6-4　食品中苯甲酸、山梨酸、糖精钠含量的测定步骤】

实验要点（学生记录）：

思考与讨论：

1. 加入亚铁氰化钾和乙酸锌的作用是什么？

2. 苯甲酸、山梨酸、糖精钠在食品中的主要作用是什么，在面包中其使用限量是多少？（在 GB 2760—2014 中查询）

3. 流动相在使用前为什么要先过滤和排气泡？

6.2.4　任务四实施过程

项目 6 工作页	任务四:食用油中苯并(a)芘含量的测定	姓名:	班级:
	学习领域:仪器分析	学号:	日期:

实验目的:

1. 掌握高校液相色谱法测定食用油中苯并芘含量的原理和方法;
2. 掌握荧光检测器和紫外检测适用范围的区别;
3. 了解分子印迹柱的原理。

实验原理:

食用油中苯并(a)芘经过有机试剂提取、分子印迹柱净化吸附、有机试剂洗脱、浓缩、乙腈溶解后,再通过高效液相色谱仪分离、荧光检测器检测,通过目标峰保留时间进行定性分析,通过外标法进行定量分析。

主要仪器和试剂:

1. 高效液相色谱仪:配有荧光检测器。
2. 分析天平:感量为 0.000 1 g。
3. 旋涡振荡器。
4. 氮吹仪。
5. 乙腈:色谱纯。
6. 正己烷:色谱级。
7. 二氯甲烷:色谱级。
8. 苯并(a)芘分子印迹柱。

实验内容和步骤:

1. 仪器的准备(参照微课视频 6-1)
2. 样品制备
3. 系列标准溶液的配制
4. 样品提取
5. 仪器条件
5. 绘制标准曲线
6. 样品测定
7. 计算

根据如下公式计算出样品中苯并(a)芘含量:

$$X=\frac{cV}{m}-空白$$

式中　X——样品中苯并(a)芘含量,μg/kg;

c——由标准曲线线性方程得出的苯并(a)芘的质量浓度,μg/L;

V——定容体积,mL;

m——称样质量,g。

【视频 6-5 食用油中苯并(a)芘含量的测定步骤】

【PPT 6-5 食用油中苯并(a)芘含量的测定步骤】

实验要点(学生记录):

思考与讨论:

1. 分子印迹柱在使用前为什么要进行活化?
2. 荧光检测器为什么需要激发波长和发射波长,而紫外检测器却只要一个波长?
3. 食用油中苯并(a)芘如何产生,对人体有何危害?

6.2.5　任务五实施过程

<table>
<tr><td rowspan="2">项目 6 工作页</td><td>任务五:玉米中玉米赤霉烯酮含量的测定</td><td>姓名:</td><td>班级:</td></tr>
<tr><td>学习领域:仪器分析</td><td>学号:</td><td>日期:</td></tr>
<tr><td colspan="4">实验目的:
1. 掌握高校液相色谱法测定玉米中玉米赤霉烯酮含量的原理和方法;
2. 了解玉米中玉米赤霉酮是如何产生的及对人体的危害;
3. 了解玉米赤霉烯酮免疫亲和柱的原理。</td></tr>
<tr><td colspan="4">实验原理:
玉米中玉米赤霉烯酮经过乙腈溶液提取、免疫亲和柱净化吸附、有机试剂洗脱、浓缩、复溶后,再通过高效液相色谱仪分离、荧光检测器检测,通过目标峰保留时间进行定性分析,通过外标法进行定量分析。</td></tr>
<tr><td colspan="4">主要仪器和试剂:
1. 高效液相色谱仪:配有荧光检测器。
2. 分析天平:感量为 0.000 1 g。
3. 恒温振荡器。
4. 氮吹仪。
5. 乙腈:色谱纯。
6. 甲醇:色谱级。
7. 氯化钠:分析纯。
8. 90%乙腈:取 900 mL 乙腈(分析纯),加入 10 mL 一级水,混匀。
9. 玻璃滤纸。
10. 玉米赤霉烯酮免疫亲和柱。</td></tr>
<tr><td colspan="4">实验内容和步骤:
1. 仪器的准备(参照微课视频 6-1)
2. 样品制备
3. 系列标准溶液的配制
4. 样品提取
(1)提取;
(2)净化。
5. 仪器条件
6. 绘制标准曲线
7. 样品测定
8. 计算
根据如下公式计算出样品中玉米赤霉烯酮含量:
$$X=\frac{cV}{m}\times 50-\text{空白}$$</td></tr>
</table>

式中 X——样品中玉米赤霉烯酮的含量，μg/kg；

c——由标准曲线线性方程得出的玉米赤霉烯酮的质量浓度，μg/L；

V——定容体积，mL；

m——称样质量，g。

【视频 6-6　玉米中玉米赤霉烯酮含量的测定步骤】

【PPT 6-6　玉米中玉米赤霉烯酮含量的测定步骤】

实验要点(学生记录)：

思考与讨论：

1. 免疫亲和柱使用前为什么要回温，其原理是什么？
2. 玻璃滤纸和普通定量滤纸有何区别，使用时应注意什么？

6.3 任务实施过程考核

6.3.1 任务一实施过程考核

项目6工作页	任务一:高效液相色谱仪的性能检查	姓名:	班级:
	实施过程考核	学号:	日期:
主要仪器和试剂:			
请画出实验步骤的操作流程图:			

数据记录及处理

1. 定性重复性

样品	10^{-4} g/mL					
	1	2	3	4	5	6
保留时间						
RSD						
标准值	≤1.0%					
判定						

2. 定量重复性

样品	10^{-4} g/mL					
	1	2	3	4	5	6
保留时间						
RSD						
标准值	≤3.0%					
判定						

思考与讨论：

表现评价

评价指标		评价主体		
一级指标	二级指标	学生自评	同学评价	教师评价
知识目标	能掌握实验的基本原理			
	能掌握检测器重复性测定的方法			
	能掌握检测器最低检出限检验的方法			
能力目标	能说出实验的基本原理			
	能正确进行检测器性能检查			
素质目标	学业管理能力(按时上课,按时完成作业)			
	学业毅力(能意识到困难并克服,能在一定时间内聚焦研究的问题)			
	合作技能(能与同学互帮互助)			
	自我效能(具有完成任务的自信心、成就感及在小组中的归属感)			
	操作态度(严谨、细致)			

6.3.2　任务二实施过程考核

项目6工作页	任务二:高效液相色谱仪的日常维护	姓名:	班级:
	实施过程考核	学号:	日期:
主要仪器和试剂:			
请画出操作步骤的流程图:			

数据记录及处理：

思考与讨论：

表现评价

评价指标		评价主体		
一级指标	二级指标	学生自评	同学评价	教师评价
知识目标	能掌握实验的基本原理			
	能掌握单向阀的清洗和氘灯的更换方法			
能力目标	能说出实验的基本原理			
	能熟练操作单向阀的清洗和进行氘灯的更换			
素质目标	学业管理能力（按时上课，按时完成作业）			
	学业毅力（能意识到困难并克服，能在一定时间内聚焦研究的问题）			
	合作技能（能与同学互帮互助）			
	自我效能（具有完成任务的自信心、成就感及在小组中的归属感）			
	操作态度（严谨、细致）			

6.3.3　任务三实施过程考核

<table>
<tr><td rowspan="2">项目 6 工作页</td><td>任务三:食品中苯甲酸、
山梨酸、糖精钠含量的测定</td><td>姓名:</td><td>班级:</td></tr>
<tr><td>实施过程考核</td><td>学号:</td><td>日期:</td></tr>
<tr><td colspan="4">主要仪器和试剂:</td></tr>
<tr><td colspan="4">请画出实验步骤的操作流程图:</td></tr>
<tr><td colspan="4">数据记录及处理:
1. 标准曲线绘制</td></tr>
</table>

浓度/(mg·L^{-1})	0.200	0.400	1.00	5.00	10.0	20.0	50.0	100	200
峰面积									
线性方程									
线性关系(R、R^2 值)									

2. 样品含量

样品		苯甲酸		山梨酸		糖精钠	
		1	2	1	2	1	2
称样量/g							
峰面积	空白						
	样品						
样品质量浓度/($mg \cdot L^{-1}$)							
样品含量/($g \cdot kg^{-1}$)							
平均值							

思考与讨论：

表现评价

评价指标		评价主体		
一级指标	二级指标	学生自评	同学评价	教师评价
知识目标	能掌握实验的基本原理			
	能掌握测定的方法			
能力目标	能说出实验的基本原理			
	能正确进行实验操作			
素质目标	学业管理能力（按时上课，按时完成作业）			
	学业毅力（能意识到困难并克服，能在一定时间内聚焦研究的问题）			
	合作技能（能与同学互帮互助）			
	自我效能（具有完成任务的自信心、成就感及在小组中的归属感）			
	操作态度（严谨、细致）			

6.3.4　任务四实施过程考核

<table>
<tr><td rowspan="2">项目 6 工作页</td><td>任务四:食用油中苯并(a)芘含量的测定</td><td>姓名:</td><td>班级:</td></tr>
<tr><td>实施过程考核</td><td>学号:</td><td>日期:</td></tr>
<tr><td colspan="4">主要仪器和试剂:</td></tr>
<tr><td colspan="4">请画出实验步骤的操作流程图:</td></tr>
</table>

数据记录及处理:

1. 标准曲线绘制

浓度(μg/L)	0.5	1.0	5.0	10.0	20.0
峰面积					
线性方程					
线性关系(R、R^2 值)					

2. 样品含量

<table>
<tr><td colspan="2" rowspan="2">样品</td><td colspan="2">苯并(a)芘</td></tr>
<tr><td>1</td><td>2</td></tr>
<tr><td colspan="2">称样量/g</td><td></td><td></td></tr>
<tr><td rowspan="2">峰面积</td><td>空白</td><td></td><td></td></tr>
<tr><td>样品</td><td></td><td></td></tr>
<tr><td colspan="2">样品质量浓度/(μg · L^{-1})</td><td></td><td></td></tr>
<tr><td colspan="2">样品含量/(μg · kg^{-1})</td><td></td><td></td></tr>
<tr><td colspan="2">平均值</td><td></td><td></td></tr>
</table>

思考与讨论:

表现评价

评价指标		评价主体		
一级指标	二级指标	学生自评	同学评价	教师评价
知识目标	能掌握分光光度法测定有色混合物组分的原理和方法			
能力目标	能说出实验的基本原理			
	能正确操作实验			
素质目标	学业管理能力(按时上课,按时完成作业)			
	学业毅力(能意识到困难并克服,能在一定时间内聚焦研究的问题)			
	合作技能(能与同学互帮互助)			
	自我效能(具有完成任务的自信心、成就感及在小组中的归属感)			
	操作态度(严谨、细致)			

6.3.5　任务五实施过程考核

项目 6 工作页	任务五:玉米中玉米赤霉烯酮含量的测定	姓名:	班级:
	实施过程考核	学号:	日期:

主要仪器和试剂:

请画出实验步骤的操作流程图:

数据记录及处理:

1. 标准曲线绘制

浓度/(μg · L^{-1})	10.26	51.3	102.6	205.2	513
峰面积					
线性方程					
线性关系(R、R^2 值)					

2. 样品含量

样品		苯并(a)芘	
		1	2
称样量/g			
峰面积	空白		
	样品		
样品质量浓度/($\mu g \cdot L^{-1}$)			
样品含量/($\mu g \cdot kg^{-1}$)			
平均值			

思考与讨论：

表现评价

评价指标		评价主体		
一级指标	二级指标	学生自评	同学评价	教师评价
知识目标	能掌握采用吸光度比值进行定性鉴别的方法			
	能掌握用吸收系数法测定注射液含量的方法			
	能掌握百分含量及稀释度等的计算方法			
能力目标	能说出实验的基本原理			
	能正确操作实验			
素质目标	学业管理能力(按时上课,按时完成作业)			
	学业毅力(能意识到困难并克服,能在一定时间内聚焦研究的问题)			
	合作技能(能与同学互帮互助)			
	自我效能(具有完成任务的自信心、成就感及在小组中的归属感)			
	操作态度(严谨、细致)			